U0304889

国家中职示范校烹饪专业课程系列教材

冷拼与食品雕刻

LENGPIN YU
SHIPIN DIAOKE

蔡广程 主编

知识产权出版社

图书在版编目（CIP）数据

冷拼与食品雕刻 / 蔡广程主编. —北京: 知识产权出版社, 2015.8（2021.8 重印）
ISBN 978-7-5130-3669-6

Ⅰ. ①冷… Ⅱ. ①蔡… Ⅲ. ①凉菜－制作－中等专业学校－教材②食品－装饰雕塑－中等专业学校－教材 Ⅳ. ①TS972.114

中国版本图书馆 CIP 数据核字(2015) 第 165060 号

内容提要

《冷拼与食品雕刻》是为了适应国家中职示范校建设的需要，为开展烹饪专业领域高素质、技能型人才培养而编写的新型校本教材。本书共 7 个项目，37 个任务，主要内容包括食品雕刻概述、食品雕刻的原料与应用、食品雕刻工具的种类及方法、食品雕刻的原则与方法、食品雕刻之荷花、食品雕刻之龙、糖艺概述、糖艺之熬糖、糖艺之花枝和花叶等。各项目均配有拓展与训练的实训题，以便学生将所学知识融会贯通。

责任编辑：李 娟

冷拼与食品雕刻
蔡广程 主编

出版发行：知识产权出版社 有限责任公司		网 址：http://www.ipph.cn
电 话：010-82004826			http://www.laichushu.com
社 址：北京市海淀区马甸南村 1 号		邮 编：100088
责编电话：010-82000860 转 8594		责编邮箱：aprilnut@foxmail.com
发行电话：010-82000860 转 8101/8029		发行传真：010-82000893/82003279
印 刷：北京中献拓方科技发展有限公司		经 销：各大网上书店、新华书店及相关专业书店
开 本：880mm×1230mm 1/32		印 张：4.625
版 次：2015 年 8 月第 1 版		印 次：2021 年 8 月第 6 次印刷
字 数：150 千字		定 价：20.00 元
ISBN 978-7-5130-3669-6		

出版权专有 侵权必究

如有印装质量问题， 本社负责调换。

牡丹江市高级技工学校

教材建设委员会

主　任　原　敏　杨常红

委　员　王丽君　卢　楠　李　勇　沈桂军

　　　　刘　新　杨征东　张文超　王培明

　　　　孟昭发　于功亭　王昌智　王顺胜

　　　　张　旭　李广合

本书编委会

主　编　蔡广程

副主编　郑子昱　张忠金

编　者

　　　　学校人员　杨征东　郝敏娟　王亚楠　陈卫东

　　　　　　　　　袁　凝　付文龙　方英杰　刘　扬

　　　　　　　　　谢定北

　　　　企业人员　王连厚　于功亭　刘景军　孟昭发

　　　　　　　　　王成奇

前　言

　　2013 年 4 月，牡丹江市高级技工学校被财政部、中宣部、教育部三部委确定为"国家中等职业教育改革发展示范校"创建单位，为扎实推进示范校项目建设，切实深化教学模式改革，实现教学内容的创新，使学校的职业教育更好地适应本地经济特色。学校广泛开展行业、企业调研，反复论证本地相关企业的技能岗位的典型任务与技能需求，在专业建设指导委员会的指导与配合下，科学设置课程体系，积极组织广大专业教师与合作企业的技术骨干研发和编写具有我市特色的校本教材。

　　示范校项目建设期间，我校的校本教材研发工作取得了丰硕成果。2014 年 8 月，《汽车营销》教材在中国劳动社会保障出版社出版发行。2014 年 12 月，学校对校本教材严格审核，评选出《零件的数控车床加工》《模拟电子技术》《中式烹调工艺》等 20 册能体现本校特色的校本教材。这套系列教材以学校和区域经济作为本位和阵地，在学生学习需求和区域经济发展分析的基础上，由学校与合作企业联合开发和编制。教材本着"行动导向、任务引领、学做结合、理实一体"的原则编写，以职业能力为核心，有针对性地传授专业知识和训练操作技能，符合新课程理念，对学生全面成长和区域经济发展也会产生积极的作用。

　　各册教材的学习内容分别划分为若干个单元项目，再分为若干个学习任务，每个学习任务包括任务描述及相关知识、操作步骤和方法、思考与训练等。适合各类学生学用结合、学以致用的学习模式和特点，适合于各类中职学校使用。

《冷拼与食品雕刻》是为了适应国家中职示范校建设的需要，为开展雕刻技能型人才培养培训而编写的新型校本教材。食品雕刻是以蔬菜、水果等为原料，经过雕刻、调色、组装等手法加工制作的实用性艺术品，具有食用性和观赏性，是配合冷拼、菜肴、面点和宴会形式的一种工艺。本书共七个项目，37 个任务，主要内容包括食品雕刻概述、食品雕刻的原料与应用、食品雕刻工具的种类及方法、食品雕刻的原则与方法、食品雕刻之荷花、食品雕刻之龙、糖艺概述、糖艺之熬糖、糖艺之花枝和花叶等。本教材由蔡广程、张忠金、郑子昱、王连厚、陈卫东、王亚楠、袁凝、郝敏娟编写。由于时间与水平，书中不足之处在所难免，恳请广大教师和学生批评指正，希望读者和专家给予帮助指导！

牡丹江市高级技工学校校本教材编委会
2015 年 3 月

目 录

冷拼与食品雕刻

项目一
食品雕刻基础知识

学习任务 1－1　食品雕刻历史及特点

一、食品雕刻的历史

我国在食品上进行雕刻的技艺，历史悠久，大约在春秋时已有。《管子》一书中曾提到"雕卵"，即在蛋壳上进行雕画，这可能是世界上最早的食品雕刻。其技后世沿之，直至今天。至隋唐时，又在酥酪、鸡蛋、脂油上进行雕镂，装饰在饭的上面。宋代，席上雕刻食品成为风尚，所雕的为果品、姜、笋制成的蜜饯，造型为千姿百态的鸟兽虫鱼、亭台楼阁。这虽然反映了贵族官僚生活豪奢，但也表现了当时厨师手艺的精妙。至清代，乾隆、嘉庆年间，扬州席上，厨师雕有"西瓜灯"，专供欣赏，不供食用；北京中秋赏月时，往往雕西瓜为莲瓣；此外更有雕为冬瓜盅、西瓜盅者，瓜灯首推淮扬，冬瓜盅以广东为著名，瓜皮上雕有花纹，瓤内装有美味，赏瓜食馔，独具风味。这些都体现了中国厨师高超的技艺与巧思，与工艺美术中的玉雕、石雕一样，是一门充满诗情画意的艺术，至今被外国朋友赞誉为"中国厨师的绝技""东方饮食艺术的明珠"。南朝梁宗懔、

《荆楚岁时记》："寒食……镂鸡子"。隋杜公瞻注："古之豪家，食称画卵。今代犹染蓝茜杂色，仍加雕镂，递相饷遗，或置盘俎。《管子》曰："雕卵熟斩之"。斩，刻、削。唐韦巨源《食谱》："玉露团"原注；"雕酥"，又"御黄王母饭"原注："遍镂卵脂盖饭面，装杂味"；宋林洪《山家清供·香圆杯》："谢益斋不嗜酒……一日，书余琴罢，命左右剖香圆作二杯，刻以花，温上所赐酒以劝客，清芬霭然，使人觉金尊玉叩皆埃溘之矣"；宋孟元老《江京梦华录·七夕》："又以瓜雕刻成花样，谓之花瓜"；清李斗《扬州画舫录》："取西瓜，皮镂刻人物、花卉、虫、鱼之戏，谓之西瓜灯"。

陶文台《江苏名馔古今谈》："清代扬州有西瓜灯，在西瓜皮外镂刻若干花纹，作为筵席点缀，其瓤是掏去不食的。到了近代，扬州瓜刻瓜雕技艺有了发展，席上出现了瓜皮雕花、瓜内瓤馅的新品种（凡香瓜、冬瓜、西瓜均有之），作为一种特殊风味，进入名馔佳肴行列。西瓜皮外刻花，瓤内加什锦，又名玉果园，是在'西瓜灯'的基础上创新的品种"（什锦，以糖水枇杷、梨、樱桃、菠萝、青梅、龙眼、莲子、橘子、青豆拌西瓜瓤丁组成）。

二、食品雕刻的意义

食品雕刻是我国烹饪技术中一项宝贵的遗产，它是借鉴其他艺术门类的基础上逐步形成和发展起的，是厨艺人员在长期实践中创造出来的一门餐桌艺术、雕刻艺术，历史悠久可以追溯至4000多年前，先民信奉天神旨意和各种祭祀活动，在祭祀活动中有一种祭品食物钉。据先秦《礼记》记载，这种"钉"，是指堆放在器皿中的菜品果品，一般只供陈列而不食用，它便是最早的食品雕刻。食品雕刻的真正发展是始于20世纪70年代，在这30多年的时间里，食品雕刻不仅在食品原料和制作工艺的拓展方面有了新的突破，在选择雕刻题材、造型艺术和应用方面也有了质的飞跃。

三、食品雕刻的定义

食品雕刻就是以具备雕刻性能的食品原料为基础，使用特殊的刀具和方法，朔造可供视觉观赏的艺术形象的专门技艺。食品雕刻也是一种造型艺术，它与石雕、玉雕、木雕等造型艺术一样，有着共同的美术原理，遵守共同的形式美法则；通过造型艺术形象，给人审美享受。

食品雕刻又是一种特殊的技艺，它是有关食品的艺术，是烹饪技术体系中不可或缺的组成部分。

四、食品雕刻的特点

食品雕刻是烹饪技术与造型艺术的结合，与菜肴、面点制作技术相比较，有其自身的特殊性。

（一）构思新颖别致，成品形象适应饮食习俗，极富生活情趣和时代气息。

（二）从自然界事物和现实生活中广泛撷取题材。

食品雕刻虽然在原料选用方面不及菜肴，但在造型题材方面，却比菜肴丰富，既可以来自自然界物象景观，也可以取自现实生活和艺术作品。

（三）具有独特的造型性、艺术性。食品雕刻最主要的目的是装饰席面、美化菜肴，故雕刻作品形象生动、刀法准确、色调明快，给人以美的享受。

（四）展示时间短，刀具特殊。作品只能一次性使用，不能长时间保存，必须现做现用，故也有人称为瞬间艺术；刀具在样式、规格上并无统一规定，一般都是自行设计制作，具有轻薄锋利、小巧灵便的特点。

（五）某些作品不仅可供欣赏，而且可以食用。如熟鸡蛋雕刻的作品、皮冻、琼脂雕等。

五、食品雕刻的作用

食品雕刻出现在宴会和菜肴中，主要是陶冶情趣，刺激食欲，弘扬餐饮文化，增进友谊，一直受中外人士的青睐，对食品雕刻技艺的尊崇不知征服了多少国际友人。食品雕刻架起我国与世界人民之间的友谊桥梁，许多外国朋友慕名而来，拜师学艺，食品雕刻成了世界人民联系的纽带之一，增进了友谊。食品雕刻在餐饮市场上越来越显示其独特的魅力，具有很强的展示性。而在一些大型宴会、酒宴中都有大型群雕出现，与菜肴相互映衬，营造气氛。食品雕刻从制造工艺到造型艺术都不愧为中国烹饪艺术瑰宝，它的每个发展过程都从侧面反映出当时的烹饪风格。

六、食品雕刻的运用

食品雕刻的品种繁多，如动物、植物、景物及人物都可以雕刻，它可以给宴席增加欢快、愉悦气氛，增进就餐者的食欲，给人以美的享受。食品雕刻的应用没有统一的规格标准，根据雕品在菜肴、宴席中起的作用，大体上分成以下几点：

1. 雕品在冷菜中的应用

雕刻成品在冷菜中主要用来点缀衬托冷菜，给普通冷盘增加艺术色彩，给冷盘增加艺术感染力，提高菜品的价值。

2. 雕品在热菜中的应用

雕刻成品在热菜使用少而精，一般以点缀为主，同时也应用于花色造型菜，也可以作为盛器，一般用于汤少或无汤汁的菜肴中。

3. 雕品

在席面上的应用

雕品单独出现在展台或席面上，一般都是高级宴席及美食节、大型宴会使用得较多，主要是组装，专供欣赏，也称花台。

食品雕刻学习情境工作页（一）

学习任务	食品雕刻的历史及特点
工作任务	将食品雕刻应用到席面（冷菜、热菜）
资讯	1. 了解任务目标、作品要求 2. 正确选择原料，规范操作 3. 教师将雕刻任务书发给学生 4. 教师采用 PPT 课件讲解雕刻工艺、要点难点 5. 掌握学生雕刻作品的情况，并提出不足加以改进
决策	1. 教师给学生提供原料、工具并提示安全使用要求 2. 教师为咨询者，接受学生咨询并及时解决问题 3. 将学生分组进行讨论
计划	以讨论的方式完成雕刻作品，教师审核任务书
实施	1. 教师检查学生仪容仪表 2. 教师对雕刻工艺进行规范操作 3. 教师监控学生作品制作过程并及时纠正错误 4. 教师对作品进行检查，记录在任务书中
检查	完成作品后，学生要对场地进行清洗，教师监控
评价	根据作品进行评价，学生自评、互评和教师评价。学生根据教师意见完成家庭作业

学习任务 1－2 食品雕刻原料与应用

一、食品雕刻的常用原料

　　食品雕刻的常用原料有两大类：一类是质地细密、坚实脆嫩、色泽纯正的根、茎、叶、瓜、果等蔬菜；另一类是既能食用，又能供观赏的熟食食品，如蛋类制品。但最为常见的还是前一类。现将常用的蔬菜品种特性及用途介绍如下：

（一）青萝卜：体形较大、质地脆嫩，适合刻制各种花卉、飞禽走兽、风景建筑等，是比较理想的雕刻原料。秋、冬、春三季均可使用。

（二）胡萝卜、水萝卜、莴笋：这三种蔬菜体形较小，颜色各异，适合刻制各种小型的花、鸟、鱼、虫等。

（三）红菜头：又称血疙瘩，色泽鲜红、体形近似圆形，适合雕刻各种化卉。

（四）马铃薯、红薯：质地细腻、可以刻制花卉和人物。

（五）白菜、圆葱：这两个品种的蔬菜用途较为狭窄，只能刻一些特定的花卉，如菊花、荷花等。

（六）冬瓜、西瓜、南瓜、菱瓜、玉瓜、黄瓜：因为这些瓜内部是带瓤的，可利用其外表的颜色、形态，刻制各种浮雕图案。去其内瓤，还可作为盛器使用，如瓜盅和镂空刻制瓜灯。黄瓜等小型原料可以用来雕刻昆虫，可以通过加工起到装饰、点缀的作用。

（七）红辣椒、青椒、香菜、芹菜、茄子、红樱桃、葱白、赤小豆：这些品种主要用做雕刻作品的装饰。

二、选用食品雕刻原料的原则

在选择食品雕刻原料时，注意以下几条原则就可以了。

（一）要根据雕刻作品的主题来进行选择，切不可无的放矢。

（二）要根据季节来选择原料，因蔬菜原料的季节性很强。

（三）选择的原料尤其是坚实部分必须无缝瑕、纤维整齐、细密、分量重、颜色纯正。因为食品雕刻的作品，只有表面光洁，具有质感，才能使人们感受它的美。

三、食品雕刻原料、成品及半成品的保存

食品雕刻的原料和成品，由于受到自身质地和水分的限制，保管不当极易变质，既浪费原料又浪费时间，实为憾事，为了尽量延长其贮存和使用时间，现介绍几种贮藏方法。

1. 原料的保存

瓜果类原料多产于气候炎热的夏秋两季，因此，宜将原料存放在空气湿润的阴凉处，这样可保持水分不至于蒸发。萝卜等产于秋季，用于冬天，宜存放在地窖中，上面覆盖一层 0.3 米多厚的砂土，以保持其水分，防止冰冻，可存放至春天。

2. 半成品的保存

它的保存方法是把雕刻的半成品用湿布或塑料布包好，以防止水分蒸发，变色。尤其注意的是雕刻的半成品千万不要放入水中，因为此时放入水中浸泡，使其吸收过量水分而变脆，不宜下次雕刻。

3. 成品的保存

方法有两种，一种方法是将雕刻好的作品放入清凉的水中浸泡，或放少许白矾，以保持水的清洁，如发现水质变浑或有气泡需及时换水；另一种方法是低温保存，即将雕刻好的作品放入水中，移入冰箱或温库，以不结冰为好，使之长时间不褪色，质地不变，延长使用时间。

四、食品雕刻原料具体介绍生原料

1. 根、茎类原料

（1）白萝卜：圆形和长形，又称象牙白萝卜。适用于雕刻人物、花朵和猛兽，一般价格便宜，是常用的食品雕刻原料。

（2）红萝卜：又称红皮萝卜，肉质坚密，水分少易糠心。可用来雕刻鸟兽、昆虫、牡丹花及容器等。

（3）心里美萝卜：呈长圆形，外皮翠绿色，肉质呈粉红色、玫瑰红或紫红色，色彩艳丽，和花卉的颜色相似，所以雕刻出的花卉形象逼真。

（4）青萝卜：长圆形，肉质绿色与表皮相似，给人一种清新、高雅、愉快的感觉，常用来雕刻绿色的菊花。

（5）胡萝卜：又名红棍、丁香萝卜，也称红萝卜，淡黄色、红

色。用来雕刻菊花、月季花、梅花、金鱼绣球等。

（6）红薯：又称白薯、山芋，呈粉红色或浅红色，质地脆、致密，用来雕刻动物和人物。

（7）莴苣：又名莴笋，茎皮浅绿色或浅绿白色，肉质脆嫩，细润如玉。可用来雕刻翠鸟、菊花、绣球、青蛙、蝈蝈等。

（8）水萝卜：又称红水萝卜，肉质洁白，个体小，常用来雕刻各种小型花朵，如梅花、三角花等。

2．瓜果类原料

（1）黄瓜：又名青瓜，肉质绿色或青白色，形有棒形、圆柱形，用于雕船、青蛙、蜻蜓等，也可拼平面图案。

（2）南瓜：又称金瓜，有扁形和长形，长形有牛腿瓜之称，嫩时绿色，可用来雕刻大型食雕和各种花卉，雕刻的原料线条清晰，表现作品的效果好。

（3）西瓜：呈圆形、长圆形，西瓜品种很多，可用来刻制西瓜盅、西瓜灯，有很大的欣赏价值。

（4）西红柿：又名番茄、洋柿子，有红色、粉红色和黄色，其果较嫩、多汁，无法刻制比较复杂的形象，只能利用外层雕制简单的花卉和拼摆图案等。

（5）茄子：又名西各苏、矮瓜，有棒形、球形，颜色紫色、绿色、白色等，可雕刻花卉和装点色。

（6）樱桃：小圆果，皮肉均呈鲜红色，也可刻制小花拼摆，常作装点材料。

3．熟制品原料

（1）鸡蛋糕：有黄色、白色，要选择有一定面积和厚质，质地均匀细腻，着色一致的原料，用于刻龙头、凤头、亭阁和简单的花卉。

（2）肉糕：午餐肉、鱼泥肉糕等，这类原料可雕刻粗线条轮廓，如宝塔、桥等。

（3）豆腐：含蛋白质，营养价值高，应放在水中雕刻。

（4）琼脂：将琼脂加水浸泡透后，放入锅内加少量水，熬至溶化，倒入容器中，凉透即可用于雕刻，可用于雕刻大型人物、动物等。

（5）奶油、巧克力：这些原料经改刀或模具挤压，常用来点缀、映衬等。

食品雕刻学习情境工作页（二）

学习任务	食品雕刻原料与应用
工作任务	掌握适用于食品雕刻的原料特性
资讯	1. 了解任务目标、作品要求 2. 正确选择原料，规范操作 3. 教师将雕刻任务书发给学生 4. 教师采用 PPT 课件讲解雕刻工艺、要点难点 5. 掌握学生雕刻作品的情况，并提出不足加以改进
决策	1. 教师给学生提供原料、工具并提示安全使用要求 2. 教师为咨询者，接受学生咨询并及时解决问题 3. 将学生分组进行讨论
计划	以讨论的方式完成雕刻作品，教师审核任务书
实施	1. 教师检查学生仪容仪表 2. 教师对雕刻工艺进行规范操作 3. 教师监控学生作品制作过程并及时纠正错误 4. 教师对作品进行检查，记录在任务书中
检查	完成作品后，学生要对场地进行清洗，教师监控。
评价	根据作品进行评价，学生自评，互评和教师评价。学生根据教师意见完成家庭作业

学习任务 1－3　食品雕刻工具的种类及应用

一、食品雕刻工具的种类

"工欲善其事，必先利其器"，要学好或做好食品雕刻，应先准备好一些必需的雕刻工具，主要是各种刀具。用于食品雕刻的刀具，以锋利灵便为原则，常用刀具大致分为刻刀具、戳刀具和模型刀具三大类

1. 刻刀具

刻刀主要有直头平面刻刀、弯头刻刀，又称手刀、斜口刀。

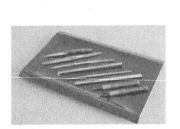

（1）直头平面刻刀：长形斜口尖刀。多用于各种花卉、鸟兽、人物造型等，一般都以自己制作为主。

（2）弯头刻刀：短形斜口尖刀，刃面与刀把成钝角，约 150°。

（3）斜口刀：长 15 厘米，刀口与刀背夹角 45°左右，两端刀刃宽度不一，主要用于浮雕、瓜盅和瓜灯。

2. 戳刀具

（1）"U"形刀：又称圆口戳刀，其刀刃的刃口横断面是弧形，体长 15 厘米，两端设刃，每一号 "U" 形刀两端刃口大小各有差异，宽的一端比窄的一端略宽 2 毫米。"U"形刀多用于花卉，如菊花、整雕的假山，雕刻制品的弧形、动物的翅膀等。从大到小一般有五个型号。

（2）"V"形刀：又称尖口戳刀，刀体长 15 厘米，中部略宽，刀身两端有刃，刀口规格不一，两头都可用来刻一些较细而且棱角较明显的槽、线、角。

（3）方口戳刀：方口戳刀为刃口、横断面两边呈一定夹角的角形口戳刀，夹角 90°，两端设刃。

（4）单槽弧线刀：单槽弧线刀一头为刀刃口，一头有柄，刀口向上弯曲，刀身长 15 厘米，弧度一般为 150°，槽深 0.3 厘米，宽为 0.5 厘米，多用于雕刻鸟的羽毛。

（5）钩形戳刀：也称钩线刀，刀身两头有钩线刀刃，是雕刻瓜灯、瓜盅纹线的工具。

3. 模型刀具

（1）动植物模型刀。动物模型刀种类多，形态各异，是挤压某些动植物平面图案的专用刀，用不锈钢片制成的象形刀具。

（2）文字型刀模具。这种刀具用不锈钢片制成，有汉字文字、英语字母等字样的，多用于宴会使用，多用于吉祥的文字，如福、禄、寿、禧、生日快乐。

食品雕刻新手最好的练习用具是平口直刀、U 形刀、戳刀。

食品雕刻学习情境工作页（三）

学习任务	食品雕刻工具的种类及应用
工作任务	掌握食品雕刻工具的种类以及用途
资讯	1. 了解任务目标、作品要求 2. 正确选择原料，规范操作 3. 教师将雕刻任务书发给学生 4. 教师采用 PPT 课件讲解雕刻工艺、要点难点 5. 掌握学生雕刻作品的情况，并提出不足加以改进
决策	1. 教师给学生提供原料、工具并提示安全使用要求 2. 教师为咨询者，接受学生咨询并及时解决问题 3. 将学生分组进行讨论。

续表

计划	以讨论的方式完成雕刻作品，教师审核任务书
实施	1. 教师检查学生仪容仪表 2. 教师对雕刻工艺进行规范操作 3. 教师监控学生作品制作过程并及时纠正错误 4. 教师对作品进行检查，记录在任务书中
检查	完成作品后，学生要对场地进行清洗，教师监控
评价	根据作品进行评价，学生自评，互评和教师评价。学生根据教师意见完成家庭作业

学习任务 1－4　食品雕刻原则与方法

一、食品雕刻的种类

食品雕刻的种类很多。

1. 按原料分类

按原料可分为果蔬雕、奶油雕、巧克力雕、豆腐雕、琼脂雕等。

（1）果蔬雕：主要用瓜果、蔬菜作为雕刻原料，是食品雕刻的主要组成部分，作品易雕，使用面广。

（2）奶油雕：也称黄油雕，最早源于西方餐饮的一种食品雕刻。常见于大型自助餐酒会和各种美食节展台，约 20 世纪中期引入我国，黄油雕给人一种高贵典雅的感觉。

（3）巧克力雕：小型巧克力雕用巧克力块雕刻出各种花、鸟、鱼、虫，逗人喜爱，若大型巧克力雕应先作骨架，然后抹上巧克力，再进行雕刻。

（4）豆腐雕：用一定体积的豆腐块在水中雕刻成型的一种方法，以浮雕为主。

（5）琼脂雕：琼脂用人工合成凝胶冻，经加热溶化后倒入形状规则的容器内加色素调均，冷却后，雕刻花、鸟、鱼、虫等，作品莹润如玉，有很好的艺术效果。

2. 按表现形式分类

（1）整雕：整雕又叫立体雕刻，用一整块原料雕刻而成，它的形状是立体的，从各角度都呈现雕刻的形象。富有表现力和感染力，常用于大型看台的制作。

（2）组雕：适用于大型雕刻，先用不同颜色的原料雕刻成物体部件，然后再组合拼装成整体，形象色彩鲜艳、高大的效果，也降低了雕刻难度。

（3）浮雕：也称凹凸雕，使原料本身凹凸不平，呈现出各种图案形象的雕刻方法，多使用表面色彩较深的原料。有阴纹浮雕和阳纹浮雕之分。阴纹浮雕是用"V"形刀，在原料表面插出"V"形的线条图案，此法在操作时较为方便；阳纹浮雕是将画面之外的多余部分刻掉，留有"凸"形，高于表面的图案。这种方法比较费力，但效果很好。另外，阳纹浮雕还可根据画面的设计要求，逐层推进，以达到更高的艺术效果，此法适合于刻制亭台楼阁、人物、风景等。具有半立体、半浮雕的特点，其难度和要求较高。

（4）镂空雕：用于镂空透刻的方法，把所需要的花纹图像刻留在原料上，形成镂空花纹，镂空难度大，操作要下刀准，可雕刻瓜灯宝塔等。

二、食品雕刻的原则

食品雕刻工艺性强，是祖国宝贵的文化遗产，制作时要根据不同需要，精心构思、精心制作，而食品雕刻技艺是烹饪技术与造型艺术的完美结合，为驰名中外的中国菜肴锦上添花。

1. 主题突出，画龙点睛

食品雕刻无论是小型或大型，都要做到主题鲜明，在菜肴的装饰中，应以菜肴为主，以食品雕刻点缀，衬托为辅，以突出主题为目的，才能达到锦上添花的作用。

2. 刀法细腻，具有美感

食品雕刻从工艺来看，主要包括选料和刀工成型以及组装造型，但主要还是刀工成型，作品的成功与否关键在于刀工处理，一件好的作品需要好的主题，更需要娴熟的刀工、细腻的刀法，这是食品雕刻的核心技术。

3. 食用为主，欣赏为辅

以食用为主的作品，必须选择可食性的原料，食用放到首位。

4. 欣赏为主，食用为辅

以欣赏为主，食用为辅的食雕成品，在冷菜和热菜的造型中使用非常广泛。如冷菜锦上添花、凤戏牡丹中的花卉，就不能食用。热菜中一般点缀衬托为主，同时也用于造型。如龙舟、瓜盅等。

5. 清洁卫生，食用安全

食品雕刻成品必须讲究卫生，特别是观赏与食用相结合的食品雕刻作品，不允许用一些不能食用的原料，应以可食用的果蔬作陪衬。在操作时应做到生熟分开避免交叉污染。

三、食品雕刻的程序

食品雕刻技术比较复杂，必须有计划、分步骤进行，才能达到目的。

（一）命题：又称造题，即雕刻的内容题材。根据使用的场合来确定雕品的题目。

（二）定型：根据题意来确定类型，雕品的大小、高低、表现形态等。

（三）选料：根据题目和雕品的类型选择原料，要考虑原料的质地、色泽、形态、大小等，是否有利于完成题目和雕品的要求。

（四）布局：要根据主题内容和雕品的形象对雕品进行整体设计，在原料上，安排好主体部分，再安排好衬托部分。

（五）雕刻：食品雕刻的艺术价值完全是通过雕刻技艺来体现的，先雕刻出作品的大体轮廓，然后再下刀，先整体后局部，先粗后细，要做到下刀稳准，行刀利落，刀过无痕。

（六）点缀：作品完成后还需将作品局部饰以辅料进行点缀、修饰，使之更趋完美。

四、食品雕刻的方法

食品雕刻的方法主要是在雕刻某些作品的过程中采用的各种施刀方法，它具有一定的特殊性，具体使用时，要根据原料的质地和性能，雕品的需要，灵活运用。

（一）切：切是一种辅助手法，在雕刻前用切的方法将原料多余的部分先切除掉。

（二）削：削是一种辅助的手法，先削出雕品的轮廓。

（三）旋：旋是运刀线路为弧线，旋出的面也就是带圆弧的面，方法如同削苹果皮。一般在雕刻含苞待放的或半开的月季花、玫瑰花、牡丹花、山茶花时会运用到这种方法。

（四）刻：刻是用刻刀来操作，落刀成形，刀法直接，同时必须和其他刀法混合使用，才能使作品更逼真。

（五）戳：用戳刀在原料上戳出细线条或三角条和半圆花瓣，以及动物身上的羽毛，人物的服饰走向等。

（六）挤压：挤压是一种比较简单的刀法，主要适用于模型刀具操作，用模具将原料刻成实体模型或挤压成型。

（七）粘：粘也是现代食品雕刻最常用的手法之一。粘就是用胶水将加工成型的原料粘接在一起，在使用胶水的时候必须注意胶水与菜肴的分离。

五、食品雕刻的保存

食品雕刻成品大多由含水较多的原料刻成，如果保管不当，很容易变色，以至损坏。雕品又是一件艺术性很强、操作复杂的作品，必须妥善保存，尽量延长雕品的使用时间。

（一）水泡法：将脆性的雕刻成品放入1%的白矾水中浸泡，这样能较长时间保持成品的新鲜程度，如不加白矾，可加适量的冰块。

（二）加膜保鲜法：将雕刻成品放入盘内，用保鲜膜包裹好放入

冰箱，保持 1° 冷藏，可保持 3 天左右。

（三）明胶保鲜法：在雕刻成品表面喷涂上一层明胶液，冷凝后可使雕品与空气隔绝，达到长时间保存的目的。

（四）维生素 C 保鲜法：在存放雕刻成品的冷水中加入几片维生素 C，可使成品较长时间保存。

六、食品雕刻和美术的关系

1. 论述

雕刻是大的美术概念中的一种特殊形式，美术和食品雕刻的关系是一般和特殊的关系，是互相促进互相影响的关系，学习一些美术知识能够帮助学生迅速提高雕刻水平，学习食品雕刻又能提高绘画的能力、审美能力。用这种技法收集素材、积累资料、设计构思，又能进一步提高厨师的雕刻水平，所以雕刻的好未必画得好，但画得好一定能雕刻得好。

2. 学习美术的好处

通过绘画训练可以迅速提高食品雕刻水平。

培养学习者的造型能力、观察能力，以及手脑协调配合的能力，有利于提高学生的艺术修养，从而使雕刻作品更美观、更生动、更有艺术性内涵。

可以通过绘画手段收集素材、积累经验、设计草图，为创作新品构思新题材打基础。

食品雕刻学习情境工作页（四）

学习任务	食品雕刻原则与方法
工作任务	绘制一张花卉图
资讯	1. 了解任务目标、作品要求 2. 正确选择原料，规范操作 3. 教师将雕刻任务书发给学生 4. 教师采用 PPT 课件讲解雕刻工艺、要点难点 5. 掌握学生雕刻作品的情况，并提出不足加以改进

决策	1. 教师给学生提供原料、工具并提示安全使用要求 2. 教师为咨询者，接受学生咨询并及时解决问题 3. 将学生分组进行讨论
计划	以讨论的方式完成雕刻作品，教师审核任务书
实施	1. 教师检查学生仪容仪表 2. 教师对雕刻工艺进行规范操作 3. 教师监控学生作品制作过程并及时纠正错误 4. 教师对作品进行检查，记录在任务书中
检查	完成作品后，学生要对场地进行清洗，教师监控
评价	根据作品进行评价，学生自评，互评和教师评价。学生根据教师意见完成家庭作业

学习任务 1－5　食品雕刻之"半球体"

【课题目标】

雕刻运刀的基础

　　食品雕刻是烹饪教学中必修课程。在运用中具有较强的艺术性和观赏性，在学习过程中有一定的难度，并在烹饪的冷拼和冷菜的制作中发挥着重要的作用。通过雕刻"半球体"的练习使学生掌握雕刻运刀的基本功。

【课题任务】

掌握雕刻运刀的基础

　　通过雕刻"半球体"练习使学生熟练的掌握食品雕刻的修坯、修形、运刀的过程，为以后雕刻花打基础。

【课题要点】

　　"半球体"的下料、修形以及运刀手法，双手配合，协调统一。

【课题难点】

　　熟练掌握雕刻运刀基本功。

【课题准备】

一、工具

　　直刻刀。

二、原料

　　心里美萝卜。

三、雕刻工艺

　　取一完好的心里美萝卜，用刀削一段，以一个面的中心向另个面的边缘运刀，直至完成半球体。

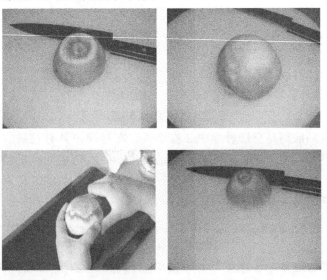

【课题互动】

一、演示球形雕刻

在专业实训室里为学生雕刻"半球体",按步骤,逐一讲解示范,使学生在雕刻时能正确地修坯、下料和修形。

二、指导学生完成半圆体雕刻

在学生雕刻时,引导学生正确地运刀手法,纠正错误,改正不足,使学生充分理解雕刻的过程。

三、课题总结

填写一体化评估表,根据作品进行评价,学生自评,互评和教师评价。

四、布置作业

【课题评估】

能熟练雕刻半球体,并且掌握正确的运刀方法,双手协调,动作规范卫生清洁。

食品雕刻学习情境工作页(五)

学习任务	食品雕刻之"半球体"
工作任务	双手配合,运用雕刻手法,刻制一个半球体
资讯	1. 了解任务目标、作品要求 2. 正确选择原料,规范操作 3. 教师将雕刻任务书发给学生 4. 教师采用 PPT 课件讲解雕刻工艺、要点难点 5. 掌握学生雕刻作品的情况,并提出不足加以改进
决策	1. 教师给学生提供原料、工具并提示安全使用要求 2. 教师为咨询者,接受学生咨询并及时解决问题 3. 将学生分组进行讨论

计划	以讨论的方式完成雕刻作品，教师审核任务书
实施	1. 教师检查学生仪容仪表 2. 教师对雕刻工艺进行规范操作 3. 教师监控学生作品制作过程并及时纠正错误 4. 教师对作品进行检查，记录在任务书中
检查	完成作品后，学生要对场地进行清洗，教师监控
评价	根据作品进行评价，学生自评，互评和教师评价。学生根据教师意见完成家庭作业

项目二
花卉

学习任务 2－1　食品雕刻之西番莲

【课题目标】

使学生熟练掌握西番莲的雕刻方法。

【课题任务】

让学生熟练掌握西番莲的下料修坯，修料的刀法运用和出瓣的刀法运用。

【课题要点】

西番莲的下料，修形以及运刀手法，双手配合，协调统一。

【课题难点】

西番莲的雕刻方法，保管及应用。

【课题准备】

一、工具

直刻刀。

二、原料

心里美萝卜。

三、雕刻工艺

（一）将半个红心里美萝卜去皮，削成半球形体，大坯（见图）。

（二）将半球扣放，球面朝上，在半球中央用"U"形刀旋一内凸圈，约0.5厘米（见图），作为花心。

（三）在花心边缘用直刻刀刻出五个花瓣的坯。

（四）在花叶的坯的边缘刻出五个花瓣，刻好后在第一层花瓣的两瓣中间去料刻出第二层花叶。

（五）按同样的方法依次刻四至五层（根据原料的大小而定），刻好后在最后一层刻出五个花的底叶。

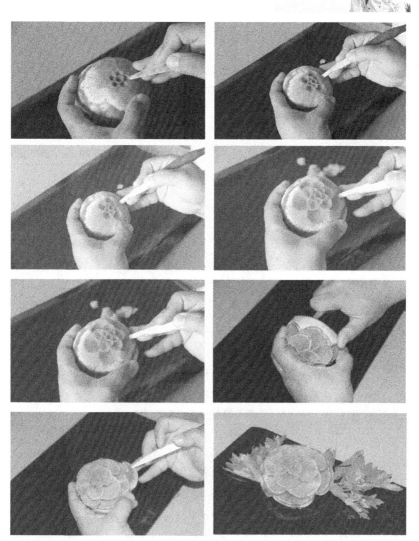

【课题互动】

一、演示西番莲雕刻

在专业实训室里为学生雕刻西番莲，按步骤，逐一讲解和演示，使学生在雕刻时能正确的修坯、下料和出瓣。

二、指导学生完成西番莲雕刻

在学生雕刻时，引导学生正确地运刀手法，纠正错误，提出和改正不足，使学生充分理解雕刻的过程。

三、课题总结

填写一体化评估表，根据作品进行评价，学生自评，互评和教师评价。

四、布置作业

【课题评估】

能熟练雕刻西番莲，并且掌握正确的运刀方法，双手协调，动作规范卫生清洁。

食品雕刻学习情境工作页（六）

学习任务	食品雕刻之西番莲
工作任务	完成西番莲的雕刻
资讯	1. 了解任务目标、作品要求 2. 正确选择原料，规范操作 3. 教师将雕刻任务书发给学生 4. 教师采用 PPT 课件讲解雕刻工艺、要点难点 5. 掌握学生雕刻作品的情况，并提出不足加以改进
决策	1. 教师给学生提供原料、工具并提示安全使用要求 2. 教师为咨询者，接受学生咨询并及时解决问题 3. 将学生分组进行讨论
计划	以讨论的方式完成雕刻作品，教师审核任务书
实施	1. 教师检查学生仪容仪表 2. 教师对雕刻工艺进行规范操作 3. 教师监控学生作品制作过程并及时纠正错误 4. 教师对作品进行检查，记录在任务书中

检查	完成作品后，学生要对场地进行清洗，教师监控
评价	根据作品进行评价，学生自评，互评和教师评价。学生根据教师意见完成家庭作业

学习任务 2－2　食品雕刻之草牡丹

【课题目标】

使学生熟练掌握草牡丹的雕刻方法。

【课题任务】

让学生熟练掌握草牡丹的下料修坯，修料的刀法运用和出瓣的刀法运用。

【课题要点】

草牡丹的下料，修形以及运刀手法，双手配合，协调统一。

【课题难点】

草牡丹的雕刻方法，保存及应用。

【课题准备】

一、工具

直刻刀。

二、原料

心里美萝卜。

三、雕刻工艺

（一）将半个心里美萝卜去皮削成半球形或扁馒头形，大坯（见图）。

（二）将半球扣放，球面朝上，在半球中央用"U"形刀旋一内凸圈，约半厘米（见图），作为花心。

（三）在花心边缘用直刻刀刻出五个花瓣的坯。

（四）在花叶的边缘用抖刀的方法划出不规则的五个花瓣，刻好第一层后在第一层花瓣的两瓣之间去料，在用抖刀的方法刻出第二层花瓣。

（五）按同样的方法刻四至五层（根据原料的大小而定），最后刻出五个花瓣的底叶。

草牡丹的雕刻方法与西番莲的刻法基本相同，区别在于，在刻花叶时所用刀法不同，（草牡丹）抖刀形成不规则的花瓣。

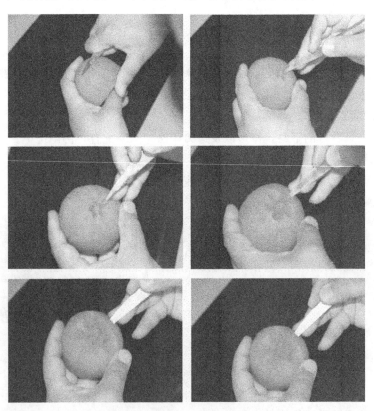

【课题互动】

一、演示草牡丹雕刻

在专业实训室里为学生雕刻草牡丹，按步骤，逐一讲解和演示，使学生在雕刻时能正确地修坯、下料和出瓣。

二、指导学生完成草牡丹雕刻

在学生雕刻时，引导学生正确地运刀手法，纠正错误，提出和改正不足，使学生充分理解雕刻的过程。

三、课题总结

填写一体化评估表，根据作品进行评价，学生自评，互评和教师评价。

四、布置作业

【课题评估】

能熟练雕刻草牡丹，并且掌握正确的运刀方法，双手协调，动

冷拼与食品雕刻

作规范卫生清洁。

食品雕刻学习情境工作页（七）

学习任务	食品雕刻之草牡丹
工作任务	完成草牡丹的雕刻
资讯	1. 了解任务目标、作品要求 2. 正确选择原料，规范操作 3. 教师将雕刻任务书发给学生 4. 教师采用 PPT 课件讲解雕刻工艺、要点难点 5. 掌握学生雕刻作品的情况，并提出不足加以改进
决策	1. 教师给学生提供原料、工具并提示安全使用要求 2. 教师为咨询者，接受学生咨询并及时解决问题 3. 将学生分组进行讨论
计划	以讨论的方式完成雕刻作品，教师审核任务书
实施	1. 教师检查学生仪容仪表 2. 教师对雕刻工艺进行规范操作 3. 教师监控学生作品制作过程及时纠正错误 4. 教师对作品进行检查，记录在任务书中
检查	完成作品后，学生要对场地进行清洗，教师监控
评价	根据作品进行评价，学生自评，互评和教师评价。学生根据教师意见完成家庭作业

学习任务 2-3　食品雕刻之睡莲

【课题目标】

使学生熟练掌握睡莲的雕刻方法。

【课题任务】

让学生熟练掌握睡莲的下料修坯，修料的刀法运用和出瓣的刀法运用。

【课题要点】

睡莲的下料，修形以及运刀手法，双手配合，协调统一。

【课题难点】

睡莲的雕刻方法，保存及应用。

【课题准备】

一、工具

直刻刀。

二、原料

白萝卜。

三、雕刻工艺

（一）将红皮萝卜修成圆柱形，高5厘米，制成初坯。

（二）将修好的初坯上面平均分成六等份，作为花叶的底坯，在底坯上划出花叶的形状后，用直刻刀平刀方法将花叶刻出。

（三）刻出第一层花叶后斜刀45°去掉废料，去料后在斜面上再划出六个花叶，同样的方法刻出三至四层后，斜刀30°收心，直到刻完。

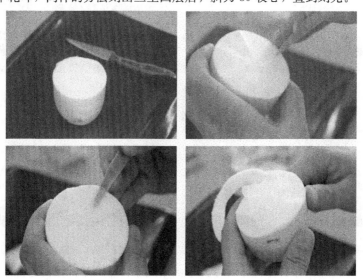

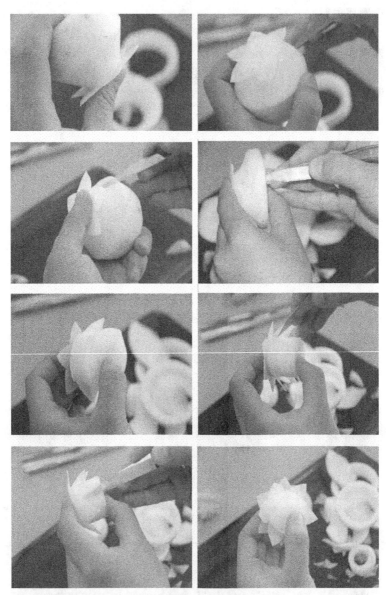

 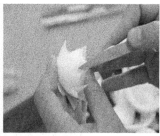

【课题互动】

一、演示睡莲雕刻

在专业实训室里为学生雕刻睡莲,按步骤逐一讲解和演示,使学生在雕刻时能正确地修坯,下料和出瓣。

二、指导学生完成睡莲雕刻

在学生雕刻时,引导学生正确地运刀手法,纠正错误,提出和改正不足,使学生充分理解雕刻的过程。

三、课题总结

填写一体化评估表,根据作品进行评价,学生自评,互评和教师评价。

四、布置作业

【课题评估】

能熟练雕刻睡莲,并且掌握正确的运刀方法,双手协调,动作规范卫生清洁。

食品雕习情境工作页（八）

学习任务	食品雕刻之睡莲
工作任务	完成睡莲的雕刻
资讯	1. 了解任务目标、品要求 2. 正确选择原料，规范操作 3. 教师将雕刻任务书发给学生 4. 教师采用 PPT 课件讲解雕刻工艺、点难点 5. 掌握学生雕刻作品的情况，并提出不足加以改进
决策	1. 教师给学生提供原料、工具并提示安全使用要求 2. 教师为咨询者，接受学生咨询并及时解决问题 3. 将学生分组进行讨论
计划	以讨论的方式完成雕刻作品，教师审核任务书
实施	1. 教师检查学生仪容仪表 2. 教师对雕刻工艺进行规范操作 3. 教师监控学生作品制作过程并及时纠正错误 4. 教师对作品进行检查，记录在任务书中
检查	完成作品后，学生要对场地进行清洗，教师监控
评价	根据作品进行评价，学生自评，互评和教师评价。学生根据教师意见完成家庭作业

学习任务 2－4 食品雕刻之牡丹花

【课题目标】

使学生熟练掌握牡丹花的雕刻方法。

【课题任务】

让学生熟练掌握牡丹花的下料修坯，修料的刀法运用和出瓣的刀法运用。

【课题要点】

牡丹花的下料，修形以及运刀手法，双手配合，协调统一。

【课题难点】

牡丹花的雕刻方法，保存及应用。

【课题准备】

一、工具

直刻刀。

二、原料

红心萝卜。

三、雕刻工艺

（一）将半个红心萝卜修成碗状大坯。

（二）确定外层五个花瓣的位置，用直刻刀把外层花叶的边缘修成不规则形态。

（三）用直刻刀从上向下刻出五个花瓣。

（四）刻好第一层花瓣后，在两个花瓣中间去废料，去掉废料后，用平刀直刻的方法，直接刻出第二层花瓣。

（五）按同样的方法刻四层后，开始套瓣雕刻至刻完花心。

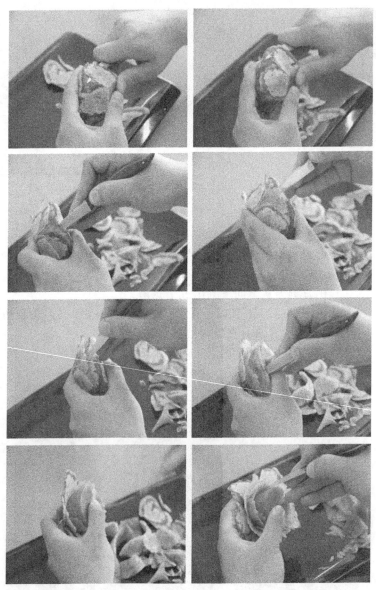

【课题互动】

一、演示牡丹花雕刻

在专业实训室里为学生雕刻牡丹花，按步骤，逐一讲解和演示，使学生在雕刻时能正确地修坯，下料和出瓣。

二、指导学生完成牡丹花雕刻

在学生雕刻时，引导学生正确地运刀手法，纠正错误，提出和改正不足，使学生充分理解雕刻的过程。

三、课题总结

填写一体化评估表，根据作品进行评价，学生自评，互评和教师评价。

四、布置作业

【课题评估】

能熟练雕刻牡丹花，并且掌握正确的运刀方法，双手协调，动作规范卫生清洁。

食品雕刻学习情境工作页（九）

学习任务	食品雕刻之牡丹花
工作任务	完成牡丹花的雕刻
资讯	1. 了解任务目标、作品要求 2. 正确选择原料，规范操作 3. 教师将雕刻任务书发给学生 4. 教师采用 PPT 课件讲解雕刻工艺、要点难点 5. 掌握学生雕刻作品的情况，并提出不足加以改进
决策	1. 教师给学生提供原料、工具并提示安全使用要求 2. 教师为咨询者，接受学生咨询并及时解决问题 3. 将学生分组进行讨论
计划	以讨论的方式完成雕刻作品，教师审核任务书
实施	1. 教师检查学生仪容仪表 2. 教师对雕刻工艺进行规范操作 3. 教师监控学生作品制作过程并及时纠正错误 4. 教师对作品进行检查，记录在任务书中
检查	完成作品后，学生要对场地进行清洗，教师监控
评价	根据作品进行评价，学生自评、互评和教师评价。学生根据教师意见完成家庭作业

学习任务 2－5　食品雕刻之月季花

【课题目标】

　　使学生熟练掌握月季花的雕刻方法。

【课题任务】

　　让学生熟练掌握月季花的下料修坯，修料的刀法运用和出瓣的刀法运用。

【课题要点】

　　月季花的下料，修形以及运刀手法，双手配合，协调统一。

【课题难点】

　　月季花的雕刻方法，保存及应用。

【课题准备】

一、工具

　　直刻刀。

二、原料

　　红心萝卜。

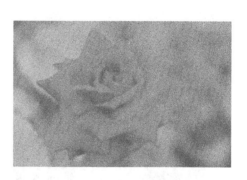

三、雕刻工艺

　　（一）将半个红心萝卜削成碗形大坯。

　　（二）刻出外层五个花瓣的位置，用直刻刀刻出花瓣的形状。

　　（三）用直刻刀在花瓣的上部下刀，从上往下至接近底部处停刀，同样方法刻出五个花瓣。

　　（四）第二层先将两花瓣中间去料，在去料后画出第二层花瓣，同样方法刻出第二层。

　　（五）在刻第三层时，去料的方法与第二层相同，但画瓣时要一瓣压住一瓣，约 0.2 厘米，用这种方法刻出第三层。

（六）刻四至五层后，收心时刀的斜度在 30°角左右，刻出含苞待放的形态，直至刻完为止。

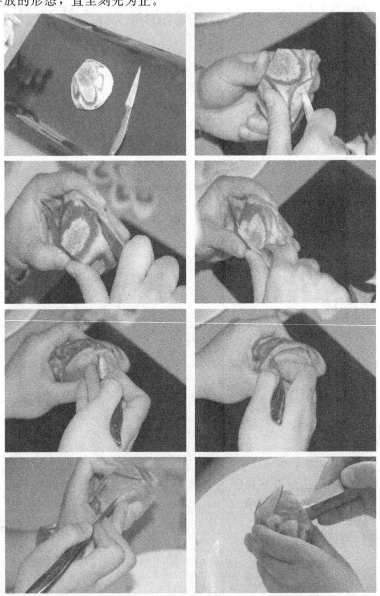

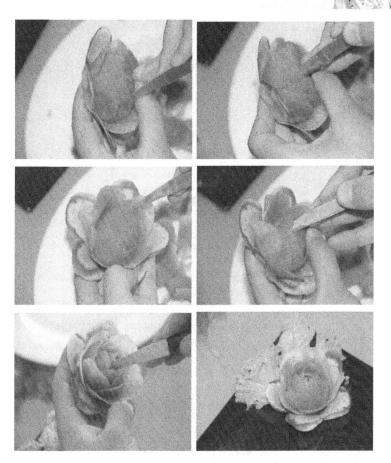

【课题互动】

一、演示月季花雕刻

在专业实训室里为学生雕刻月季花，按步骤，逐一讲解和演示，使学生在雕刻时能正确地修坯，下料和出瓣。

二、指导学生完成月季花雕刻

在学生雕刻时，引导学生正确地运刀手法，纠正错误，提出和改正不足，使学生充分理解雕刻的过程。

三、课题总结

填写一体化评估表，根据作品进行评价，学生自评，互评和教师评价。

四、布置作业

【课题评估】

能熟练雕刻月季花，并且掌握正确的运刀方法，双手协调，动作规范卫生清洁。

食品雕刻学习情境工作页（十）

学习任务	食品雕刻之月季花
工作任务	完成月季花的雕刻
资讯	1. 了解任务目标、作品要求 2. 正确选择原料，规范操作 3. 教师将雕刻任务书发给学生 4. 教师采用 PPT 课件讲解雕刻工艺、要点难点 5. 掌握学生雕刻作品的情况，并提出不足加以改进
决策	1. 教师给学生提供原料、工具并提示安全使用要求 2. 教师为咨询者，接受学生咨询并及时解决问题 3. 将学生分组进行讨论
计划	以讨论的方式完成雕刻作品，教师审核任务书
实施	1. 教师检查学生仪容仪表 2. 教师对雕刻工艺进行规范操作 3. 教师监控学生作品制作过程及时纠正错误 4. 教师对作品进行检查，记录在任务书中
检查	完成作品后，学生要对场地进行清洗，教师监控
评价	根据作品进行评价，学生自评，互评和教师评价。学生根据教师意见完成家庭作业

学习任务 2−6　食品雕刻之山茶花

【课题目标】

使学生熟练掌握山茶花的雕刻方法。

【课题任务】

让学生熟练掌握山茶花的下料修坯，修料的刀法运用和出瓣的刀法运用。

【课题要点】

山茶花的下料，修形以及运刀手法，双手配合，协调统一。

【课题难点】

山茶花的雕刻方法，保存及应用。

【课题准备】

一、工具

直刻刀。

二、原料

白萝卜。

三、雕刻工艺

（一）先将白萝卜修成高 5 厘米的圆柱形。

（二）在将圆柱形用直刻刀刻出五棱芯的初坯。

（三）在初坯棱形片刻出尖叶花瓣的底后，从上面下刀刻出第一层花瓣。

（四）刻好第一层花叶后，在两花叶中间，从底部走刀，去掉废料，然后在修好第二层花瓣的底坯，刻出第二层花瓣。

（五）按同样的方法刻出四至五层，在收花心时让花心展开，山茶花即刻成。

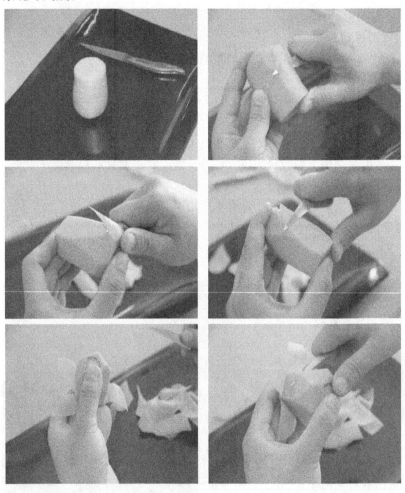

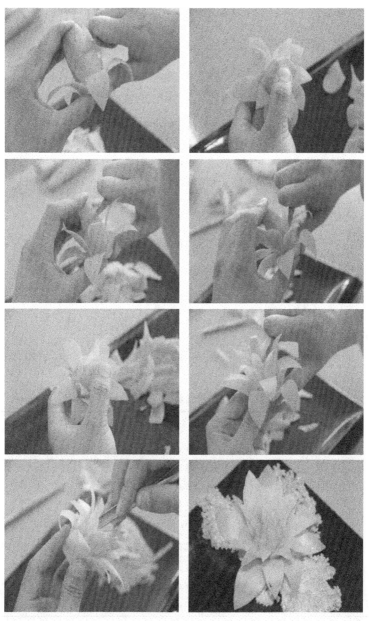

【课题互动】

一、演示山茶花雕刻

在专业实训室里为学生雕刻山茶花，按步骤，逐一讲解和演示，使学生在雕刻时能正确地修坯，下料和出瓣。

二、指导学生完成山茶花雕刻

在学生雕刻时，引导学生正确地运刀手法，纠正错误，提出和改正不足，使学生充分理解雕刻的过程。

三、课题总结

填写一体化评估表，根据作品进行评价，学生自评，互评和教师评价。

四、布置作业

【课题评估】

能熟练雕刻山茶花，并且掌握正确的运刀方法，双手协调，动作规范卫生清洁。

食品雕刻学习情境工作页（十一）

学习任务	食品雕刻之山茶花
工作任务	完成山茶花的雕刻
资讯	1. 了解任务目标、作品要求 2. 正确选择原料，规范操作 3. 教师将雕刻任务书发给学生 4. 教师采用 PPT 课件讲解雕刻工艺、要点难点 5. 掌握学生雕刻作品的情况，并提出不足加以改进
决策	1. 教师给学生提供原料、工具并提示安全使用要求 2. 教师为咨询者，接受学生咨询并及时解决问题 3. 将学生分组进行讨论

计划	以讨论的方式完成雕刻作品，教师审核任务书
实施	1. 教师检查学生仪容仪表 2. 教师对雕刻工艺进行规范操作 3. 教师监控学生作品制作过程并及时纠正错误 4. 教师对作品进行检查，记录在任务书中
检查	完成作品后，学生要对场地进行清洗，教师监控
评价	根据作品进行评价，学生自评，互评和教师评价。学生根据教师意见完成家庭作业

学习任务 2－7　食品雕刻之玉兰花

【课题目标】

使学生熟练掌握玉兰花的雕刻方法。

【课题任务】

让学生熟练掌握玉兰花的下料修坯，修料的刀法运用和出瓣的刀法运用。

【课题要点】

玉兰花的下料，修形以及运刀手法，双手配合，协调统一。

【课题难点】

玉兰花的雕刻方法，保存及应用。

【课题准备】

一、工具

直刻刀。

二、原料

胡萝卜。

三、雕刻工艺

（一）将胡萝卜去皮，修成小碗状坯。

（二）在萝卜侧面三分之一的面积，刻出三个小花瓣的底坯，划出花叶后，再刻出第一层花瓣。

（三）刻第二层时，在两花瓣中间去料，刻出第二层花瓣。

（四）依同样的方法刻出三至四层至收心，玉兰花即刻成。

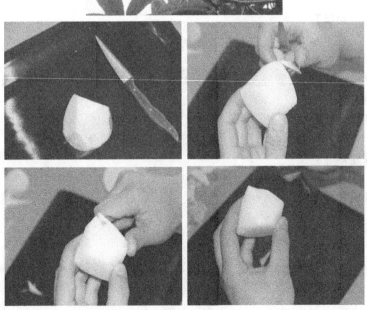

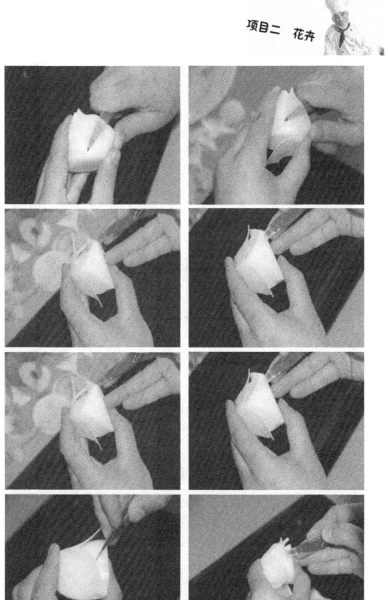

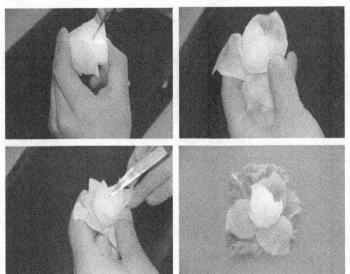

【课题互动】

一、演示玉兰花雕刻

在专业实训室里为学生雕刻玉兰，按步骤，逐一讲解和演示，使学生在雕刻时能正确地修坯，下料和出瓣。

二、指导学生完成玉兰花雕刻

在学生雕刻时，引导学生正确地运刀手法，纠正错误，提出和改正不足，使学生充分理解雕刻的过程。

三、课题总结

填写一体化评估表，根据作品进行评价，学生自评，互评和教师评价。

四、布置作业

【课题评估】

能熟练雕刻玉兰花，并且掌握正确的运刀方法，双手协调，动作规范卫生清洁。

食品雕刻学习情境工作页（十二）

学习任务	食品雕刻之玉兰花
工作任务	完成玉兰花的雕刻
资讯	1. 了解任务目标、作品要求 2. 正确选择原料，规范操作 3. 教师将雕刻任务书发给学生 4. 教师采用 PPT 课件讲解雕刻工艺、要点难点 5. 掌握学生雕刻作品的情况，并提出不足加以改进
决策	1. 教师给学生提供原料、工具并提示安全使用要求 2. 教师为咨询者，接受学生咨询并及时解决问题 3. 将学生分组进行讨论
计划	以讨论的方式完成雕刻作品，教师审核任务书
实施	1. 教师检查学生仪容仪表 2. 教师对雕刻工艺进行规范操作 3. 教师监控学生作品制作过程并及时纠正错误 4. 教师对作品进行检查，记录在任务书中
检查	完成作品后，学生要对场地进行清洗，教师监控
评价	根据作品进行评价，学生自评，互评和教师评价。学生根据教师意见完成家庭作业

学习任务 2-8　食品雕刻之龙爪菊

【课题目标】

使学生熟练掌握龙爪菊的雕刻方法。

【课题任务】

让学生熟练掌握龙爪菊的下料修坯，修料的刀法运用和出瓣的刀法运用。

【课题要点】

龙爪菊的下料，修形以及运刀手法，双手配合，协调统一。

【课题难点】

龙爪菊的雕刻方法，保存及应用。

【课题准备】

一、刀具

直刻刀、"V"形刀。

二、原料

红心萝卜或白萝卜。

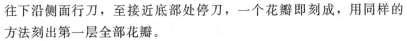

三、雕刻工艺

（一）将半个红心萝卜去皮，修成柱形大坯。

（二）用"V"形刀在上平面进刀，刀向下戳至边沿时使进刀方向转为从上往下沿侧面行刀，至接近底部处停刀，一个花瓣即刻成，用同样的方法刻出第一层全部花瓣。

（三）用直刻刀将萝卜内留下的沟棱削平。

（四）按同样的方法刻出四至五层后，将花心剩余的原料削短2厘米后，按同样的方法将花心收完，龙爪菊即刻成

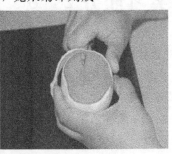

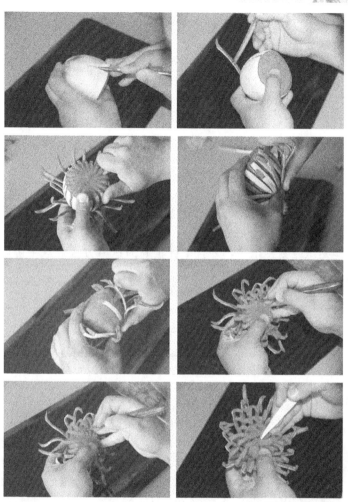

【课题互动】

一、演示龙爪菊雕刻

在专业实训室里为学生雕刻龙爪菊，按步骤，逐一讲解和演示，使学生在雕刻时正确地修坯，下料和应用插刀法。

二、指导学生完成龙爪菊雕刻

在学生雕刻时，引导学生正确地运刀手法，纠正错误，提出和改正不足，使学生充分理解雕刻的过程。

三、课题总结

填写一体化评估表，根据作品进行评价，学生自评，互评和教师评价。

四、布置作业

【课题评估】

能熟练雕刻龙爪菊，并且掌握正确的运刀方法，双手协调，动作规范卫生清洁。

食品雕刻学习情境工作页（十三）

学习任务	食品雕刻之龙爪菊
工作任务	完成龙爪菊的雕刻
资讯	1. 了解任务目标、作品要求 2. 正确选择原料，规范操作 3. 教师将雕刻任务书发给学生 4. 教师采用 PPT 课件讲解雕刻工艺、要点难点 5. 掌握学生雕刻作品的情况，并提出不足加以改进
决策	1. 教师给学生提供原料、工具并提示安全使用要求 2. 教师为咨询者，接受学生咨询并及时解决问题 3. 将学生分组进行讨论
计划	以讨论的方式完成雕刻作品，教师审核任务书
实施	1. 教师检查学生仪容仪表 2. 教师对雕刻工艺进行规范操作 3. 教师监控学生作品制作过程并及时纠正错误 4. 教师对作品进行检查，记录在任务书中

检查	完成作品后，学生要对场地进行清洗，教师监控
评价	根据作品进行评价，学生自评，互评和教师评价。学生根据教师意见完成家庭作业

学习任务 2－9 食品雕刻之旋风菊

【课题目标】

使学生熟练掌握旋风菊的雕刻方法。

【课题任务】

让学生熟练掌握旋风菊的下料修坯，修料的刀法运用和出瓣的刀法运用。

【课题要点】

旋风菊的下料，修形以及运刀手法，双手配合，协调统一。

【课题难点】

旋风菊的雕刻方法，保存及应用。

【课题准备】

一、刀具

直刻刀、"U"形刀。

二、原料

红心萝卜。

三、雕刻工艺

（一）将半个红心萝卜去皮，修成碗形大坯。

（二）用"U"形刀从坯体侧面下刀，顺坯体按逆时针方向往下斜戳，行刀至接近底部停刀，一个花瓣即刻成，按同样的方法平行

冷拼与食品雕刻

刻出全部花瓣。

　　（三）用直刻刀削去第一层时留下的棱角。

　　（四）按照同样的方法直接刻到花心，旋风菊即刻成。

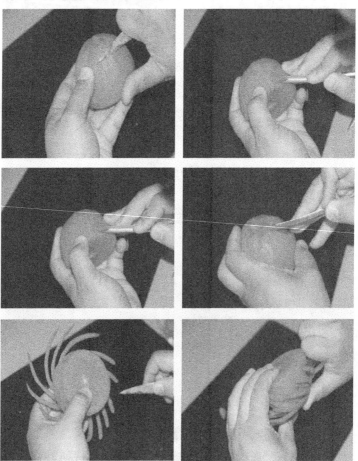

54

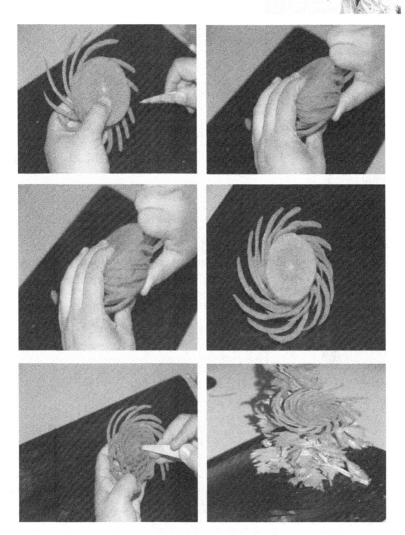

【课题互动】

一、演示旋风菊雕刻

在专业实训室里为学生雕刻旋风菊，按步骤，逐一讲解和演示，使学生在雕刻时正确地修坯，下料和应用插刀法。

二、指导学生完成旋风菊雕刻

在学生雕刻时，引导学生正确地运刀手法，纠正错误，提出和改正不足，使学生充分理解雕刻的过程。

三、课题总结

填写一体化评估表，根据作品进行评价，学生自评，互评和教师评价。

四、布置作业

【课题评估】

能熟练掌握旋风菊的雕刻并且掌握正确的运刀方法，双手协调，动作规范卫生清洁。

食品雕刻学习情境工作页（十四）

学习任务	食品雕刻之旋风菊
工作任务	完成旋风菊的雕刻
资讯	1. 了解任务目标、作品要求 2. 正确选择原料，规范操作 3. 教师将雕刻任务书发给学生 4. 教师采用 PPT 课件讲解雕刻工艺、要点难点 5. 掌握学生雕刻作品的情况，并提出不足加以改进
决策	1. 教师给学生提供原料、工具并提示安全使用要求 2. 教师为咨询者，接受学生咨询并及时解决问题 3. 将学生分组进行讨论
计划	以讨论的方式完成雕刻作品，教师审核任务书

实施	1. 教师检查学生仪容仪表 2. 教师对雕刻工艺进行规范操作 3. 教师监控学生作品制作过程并及时纠正错误 4. 教师对作品进行检查，记录在任务书中
检查	完成作品后，学生要对场地进行清洗，教师监控
评价	根据作品进行评价，学生自评，互评和教师评价。学生根据教师意见完成家庭作业

项目三

农作物

学习任务 3－1　食品雕刻之葫芦

【课题目标】

使学生熟练掌握葫芦的雕刻方法。

【课题任务】

让学生熟练掌握葫芦的下料修坯，修料的刀法运用和修形的刀法运用。

【课题要点】

葫芦的下料，修形以及运刀手法，双手配合，协调统一。

【课题难点】

葫芦的雕刻方法，保存及应用。

【课题准备】

一、刀具

直刻刀、掏线刀。

二、原料

南瓜或胡萝卜。

三、雕刻工艺

（一）将南瓜或胡萝卜修成长方体的坯子（按雕刻葫芦的大小而定）。

（二）用掏线刀在长方体的五分之三处出葫芦腰线。

（三）用直刻刀修出葫芦大致形态。

（四）用刻刀修出光滑表面或用砂纸磨出光滑表面，安上葫芦枝即成。

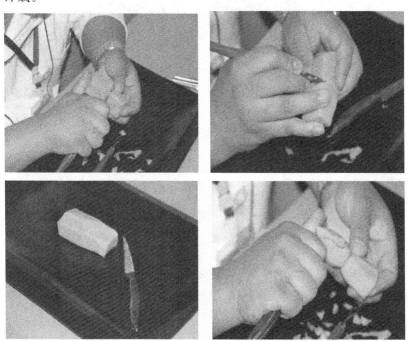

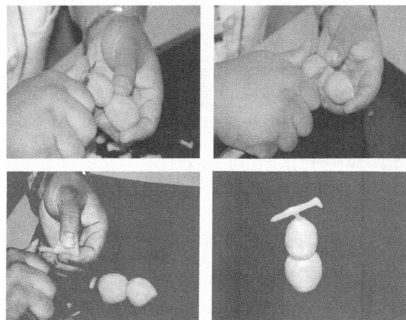

【课题互动】

一、演示葫芦雕刻

在专业实训室里为学生雕刻葫芦，按步骤，逐一讲解和演示，使学生在雕刻时正确地修坯，应用下料。

二、指导学生完成葫芦雕刻

在学生雕刻时，引导学生正确地运刀手法，纠正错误，提出和改正不足，使学生充分理解雕刻的过程。

三、课题总结

填写一体化评估表，根据作品进行评价，学生自评，互评和教师评价。

四、布置作业

【课题评估】

能熟练掌握葫芦的雕刻并且掌握正确的运刀方法，双手协调，动作规范卫生清洁。

食品雕刻学习情境工作页（十五）

学习任务	食品雕刻之葫芦
工作任务	完成葫芦的雕刻
资讯	1. 了解任务目标、作品要求 2. 正确选择原料，规范操作 3. 教师将雕刻任务书发给学生 4. 教师采用 PPT 课件讲解雕刻工艺、要点难点 5. 掌握学生雕刻作品的情况，并提出不足加以改进
决策	1. 教师给学生提供原料、工具并提示安全使用要求 2. 教师为咨询者，接受学生咨询并及时解决问题 3. 将学生分组进行讨论
计划	以讨论的方式完成雕刻作品，教师审核任务书
实施	1. 教师检查学生仪容仪表 2. 教师对雕刻工艺进行规范操作 3. 教师监控学生作品制作过程并及时纠正错误 4. 教师对作品进行检查，记录在任务书中
检查	完成作品后，学生要对场地进行清洗，教师监控
评价	根据作品进行评价，学生自评、互评和教师评价。学生根据教师意见完成家庭作业

学习任务 3－2　食品雕刻之玉米

【课题目标】

使学生熟练掌握玉米的雕刻方法。

【课题任务】

让学生熟练掌握玉米的下料修坯，修料的刀法运用和修形的刀法运用。

【课题要点】

玉米的下料，修形以及运刀手法，双手配合，协调统一。

【课题难点】

玉米的雕刻方法，保存及应用。

【课题互动】

一、刀具

直刻刀、掏线刀。

二、原料

南瓜或胡萝卜、青辣椒。

三、雕刻工艺

（一）将南瓜或胡萝卜修成圆锥体的坯子（按雕刻玉米的大小而定）。

（二）用掏线刀在圆锥体上划出玉米的纹路。

（三）用直刻刀修出玉米大致形态，用青辣椒刻出玉米叶。

（四）用刻刀修出光滑表面或用砂纸磨出光滑表面，安上玉米叶即成

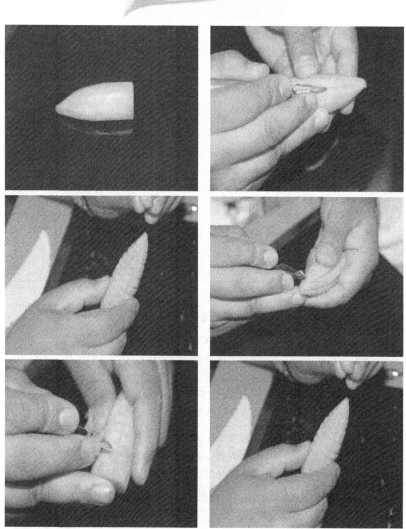

冷拼与食品雕刻

【课题互动】

一、演示玉米雕刻

在专业实训室里为学生雕刻玉米，按步骤，逐一讲解和演示，使学生在雕刻时正确地修坯，下料的应用。

二、指导学生完成玉米雕刻

在学生雕刻时，引导学生正确地运刀手法，纠正错误，提出和改正不足使学生充分理解雕刻的过程。

三、课题总结

填写一体化评估表，根据作品进行评价，学生自评，互评和教师评价。

四、布置作业

【课题评估】

能熟练掌握玉米的雕刻并且掌握正确的运刀方法，双手协调，动作规范卫生清洁

食品雕刻学习情境工作页（十六）

学习任务	食品雕刻之玉米
工作任务	完成玉米的雕刻
资讯	1. 了解任务目标、作品要求 2. 正确选择原料，规范操作 3. 教师将雕刻任务书发给学生 4. 教师采用 PPT 课件讲解雕刻工艺、要点难点 5. 掌握学生雕刻作品的情况，并提出不足加以改进
决策	1. 教师给学生提供原料、工具并提示安全使用要求 2. 教师为咨询者，接受学生咨询并及时解决问题 3. 将学生分组进行讨论
计划	以讨论的方式完成雕刻作品，教师审核任务书

实施	1. 教师检查学生仪容仪表 2. 教师对雕刻工艺进行规范操作 3. 教师监控学生作品制作过程并及时纠正错误 4. 教师对作品进行检查，记录在任务书中
检查	完成作品后，学生要对场地进行清洗，教师监控
评价	根据作品进行评价，学生自评，互评和教师评价。学生根据教师意见完成家庭作业

学习任务 3−3 食品雕刻之南瓜

【课题目标】

使学生熟练掌握南瓜的雕刻方法。

【课题任务】

让学生熟练掌握南瓜的下料修坯，修料的刀法运用和修形的刀法运用。

【课题要点】

南瓜的下料，修形以及运刀手法，双手配合，协调统一。

【课题难点】

南瓜的雕刻方法，保存及应用。

【课题准备】

一、刀具

直刻刀、掏线刀。

二、原料

南瓜或胡萝卜、青辣椒。

三、雕刻工艺

（一）将南瓜或胡萝卜修成扁圆体的坯子（按雕刻南瓜的大小而定）。

（二）用掏线刀在圆锥体上划出南瓜的纹路。

（三）用直刻刀修出南瓜大致形态，用青辣椒刻出南瓜枝备用。

（四）用刻刀修出光滑表面或用砂纸磨出光滑表面，安上南瓜枝即成。

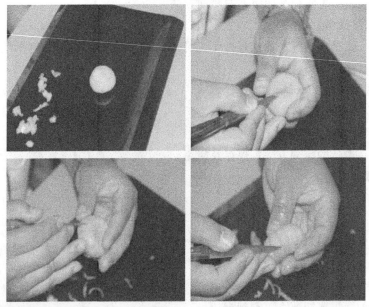

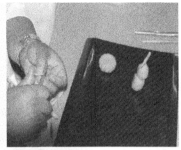

【课题互动】

一、演示南瓜雕刻

在专业实训室里为学生雕刻南瓜，按步骤，逐一讲解和演示，使学生在雕刻时正确地修坯，下料的应用。

二、指导学生完成南瓜雕刻

在学生雕刻时，引导学生正确地运刀手法，纠正错误，提出和改正不足，使学生充分理解雕刻的过程。

三、课题总结

填写一体化评估表，根据作品进行评价，学生自评，互评和教师评价。

四、布置作业

【课题评估】

能熟练掌握南瓜的雕刻并且掌握正确的运刀方法，双手协调，动作规范卫生清洁。

食品雕刻学习情境工作页（十七）

学习任务	食品雕刻之南瓜
工作任务	完成南瓜的雕刻
资讯	1. 了解任务目标、作品要求 2. 正确选择原料，规范操作 3. 教师将雕刻任务书发给学生 4. 教师采用 PPT 课件讲解雕刻工艺、要点难点 5. 掌握学生雕刻作品的情况，并提出不足加以改进
决策	1. 教师给学生提供原料、工具并提示安全使用要求 2. 教师为咨询者，接受学生咨询并及时解决问题 3. 将学生分组进行讨论
计划	以讨论的方式完成雕刻作品，教师审核任务书
实施	1. 教师检查学生仪容仪表 2. 教师对雕刻工艺进行规范操作 3. 教师监控学生作品制作过程并及时纠正错误 4. 教师对作品进行检查，记录在任务书中
检查	完成作品后，学生要对场地进行清洗，教师监控
评价	根据作品进行评价，学生自评，互评和教师评价。学生根据教师意见完成家庭作业

项目四
鱼虾贝类

学习任务 4—1　食品雕刻之热带鱼

【课题目标】

使学生熟练掌握热带鱼的雕刻方法。

【课题任务】

让学生熟练掌握热带鱼的下料修坯，修料的刀法运用和修形的刀法运用。

【课题要点】

热带鱼的下料，修形以及运刀手法，双手配合，协调统一。

【课题难点】

热带鱼的雕刻方法，保存及应用。

【课题准备】

一、原料

南瓜、白萝卜、象形鱼眼、胶水。

二、工具

直口刻刀、V 形戳刀。

三、制作工艺

（一）先取白萝卜切成 1～5 厘米的片后修成水浪形状，再细化刻成水浪，刻出底座，将水浪与底座黏合后备用。

（二）取南瓜一块，去瓤去皮后，先修出热带鱼的大体形态，从头至尾，先刻出头，找好角度后刻出鱼嘴，再用"V"形刀刻出鱼身上的鳞纹。

（三）用"V"形刀戳出鱼尾的鳞纹，再单独取出一块料刻出腹鳍，后用胶水与鱼身黏合。

（四）完全黏合后用象形鱼眼镶在留好鱼眼的位置，粘好鱼眼，再将完整的鱼、刻好的水浪完全组合即成

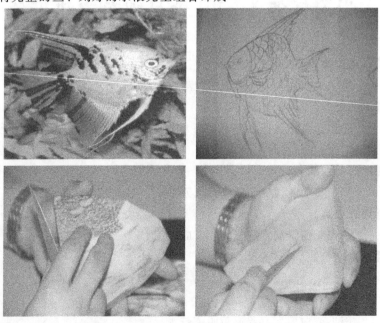

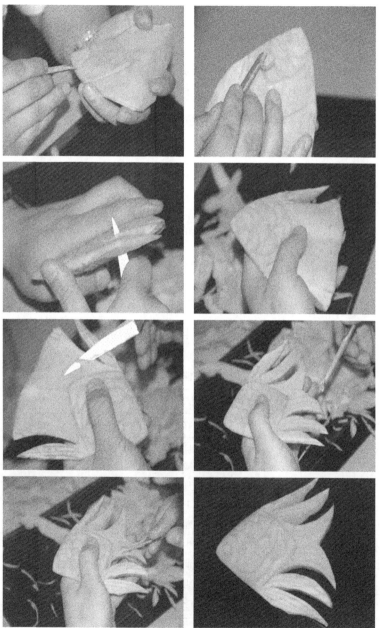

【课题互动】

一、演示热带鱼雕刻

在专业实训室里为学生雕刻热带鱼，按步骤，逐一讲解和演示，使学生在雕刻时正确地修坯、下料。

二、指导学生完成热带鱼雕刻

在学生雕刻时，引导学生正确地运刀，纠正错误，提出和改正不足，使学生充分理解雕刻的过程。

三、课题总结

填写一体化评估表，根据作品进行评价，学生自评，互评和教师评价。

四、布置作业

【课题评估】

能熟练掌握热带鱼的雕刻并且掌握正确的运刀方法，双手协调，动作规范，卫生清洁。

食品雕刻学习情境工作页（十八）

学习任务	食品雕刻之热带鱼
工作任务	完成热带鱼的雕刻
资讯	1. 了解任务目标、作品要求 2. 正确选择原料，规范操作 3. 教师将雕刻任务书发给学生 4. 教师采用 PPT 课件讲解雕刻工艺、要点难点 5. 掌握学生雕刻作品的情况，并提出不足加以改进
决策	1. 教师给学生提供原料、工具并提示安全使用要求 2. 教师为咨询者，接受学生咨询并及时解决问题 3. 将学生分组进行讨论
计划	以讨论的方式完成雕刻作品，教师审核任务书

实施	1. 教师检查学生仪容仪表 2. 教师对雕刻工艺进行规范操作 3. 教师监控学生作品制作过程并及时纠正错误 4. 教师对作品进行检查，记录在任务书中
检查	完成作品后，学生要对场地进行清洗，教师监控
评价	根据作品进行评价，学生自评，互评和教师评价。学生根据教师意见完成家庭作业

学习任务 4－2　食品雕刻之贝壳

【课题目标】

使学生熟练掌握贝壳的雕刻方法。

【课题任务】

让学生熟练掌握贝壳的下料修坯，修料的刀法运用和修形的刀法运用。

【课题要点】

贝壳的下料，修形以及运刀手法，双手配合，协调统一。

【课题难点】

贝壳的雕刻方法，保管及应用。

【课题准备】

一、原料

南瓜、白萝卜。

二、刀具

直刻刀、"U"形刀、"V"形刀。

三、制作工艺

（一）先将南瓜取带弧线的瓜面，去瓤后修成 5 厘米的圆形、1 厘米厚度的两块原料。

（二）用平口刻刀将边缘的棱角去掉，再用"V"形戳刀将修好形的原料外面戳成单条后，在单条的中间戳成交叉的瓦楞型。

（三）将刻好后的两个扇面用胶水黏和成半张的状态，再取一白萝卜刻成珍珠的形状放入贝壳里即成

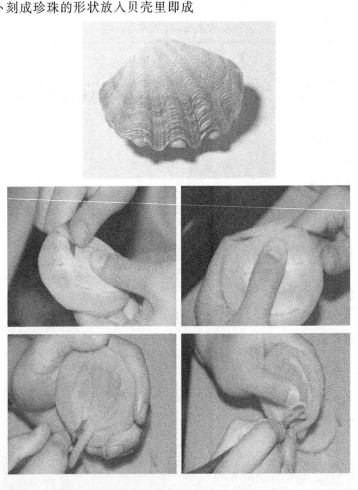

【课题互动】

一、演示贝壳雕刻

在专业实训室里为学生雕刻贝壳，按步骤，逐一讲解和演示，使学生在雕刻时正确地修坯，下料。

二、指导学生完成贝壳雕刻

在学生雕刻时，引导学生正确地运刀，纠正错误，提出和改正不足，使学生充分理解雕刻的过程。

三、课题总结

填写一体化评估表，根据作品进行评价，学生自评，互评和教师评价。

四、布置作业

【课题评估】

能熟练掌握贝壳的雕刻并且掌握正确的运刀方法，双手协调，动作规范，卫生清洁。

食品雕刻学习情境工作页（十九）

学习任务	食品雕刻之贝壳
工作任务	完成贝壳的雕刻
资讯	1. 了解任务目标、作品要求 2. 正确选择原料，规范操作 3. 教师将雕刻任务书发给学生 4. 教师采用 PPT 课件讲解雕刻工艺、要点难点 5. 掌握学生雕刻作品的情况，并提出不足加以改进
决策	1. 教师给学生提供原料、工具并提示安全使用要求 2. 教师为咨询者，接受学生咨询并及时解决问题 3. 将学生分组进行讨论
计划	以讨论的方式完成雕刻作品，教师审核任务书
实施	1. 教师检查学生仪容仪表 2. 教师对雕刻工艺进行规范操作 3. 教师监控学生作品制作过程并及时纠正错误 4. 教师对作品进行检查，记录在任务书中
检查	完成作品后，学生要对场地进行清洗，教师监控
评价	根据作品进行评价，学生自评，互评和教师评价。学生根据教师意见完成家庭作业

学习任务 4－3　食品雕刻之鲤鱼

【课题目标】

使学生熟练掌握鲤鱼的雕刻方法。

【课题任务】

让学生熟练掌握鲤鱼的下料修坯，修料的刀法运用和修形的刀法运用。

【课题要点】

鲤鱼的下料，修形以及运刀手法，双手配合，协调统一。

【课题难点】

鲤鱼的雕刻方法，保存及应用。

【课题准备】

一、原料

南瓜。

二、刀具

直刻刀、V 型刀。

三、制作工艺

（一）从南瓜上取下一块原料。

（二）在原料上用笔画出成鱼的大致形态。

（三）用直刻刀修出鲤鱼的头、身、尾。

（四）刻出鱼的背鳍以及胸鳍。

（五）用胶水把背鳍和胸鳍粘接在一起即可。

（六）另取一原料雕刻出浪花，水草。

（七）把鲤鱼和浪花组装在一起。

【课题互动】

一、演示鲤鱼雕刻

在专业实训室里为学生雕刻鲤鱼，按步骤，逐一讲解和演示，使学生在雕刻时正确地修坯，下料的应用。

二、指导学生完成鲤鱼雕刻

在学生雕刻时，引导学生正确地运刀手法，纠正错误，提出和改正不足，使学生充分理解雕刻的过程。

三、课题总结

填写一体化评估表，根据作品进行评价，学生自评，互评和教师评价。

四、布置作业

【课题评估】

能熟练掌握鲤鱼的雕刻并且掌握正确的运刀方法，双手协调，动作规范卫生清洁。

食品雕刻学习情境工作页（二十）

学习任务	食品雕刻之鲤鱼
工作任务	完成鲤鱼的雕刻

续表

资讯	1. 了解任务目标、作品要求 2. 正确选择原料，规范操作 3. 教师将雕刻任务书发给学生 4. 教师采用 PPT 课件讲解雕刻工艺、要点难点 5. 掌握学生雕刻作品的情况，并提出不足加以改进
决策	1. 教师给学生提供原料、工具并提示安全使用要求 2. 教师为咨询者，接受学生咨询并及时解决问题 3. 将学生分组进行讨论
计划	以讨论的方式完成雕刻作品，教师审核任务书
实施	1. 教师检查学生仪容仪表 2. 教师对雕刻工艺进行规范操作 3. 教师监控学生作品制作过程并及时纠正错误 4. 教师对作品进行检查，记录在任务书中
检查	完成作品后，学生要对场地进行清洗，教师监控
评价	根据作品进行评价，学生自评，互评和教师评价。学生根据教师意见完成家庭作业

学习任务 4-4　食品雕刻之虾

【课题目标】

　　使学生熟练掌握虾的雕刻方法。

【课题任务】

　　让学生熟练掌握虾的下料修坯，修料的刀法运用和修形的刀法运用。

【课题要点】

虾的下料，修形以及运刀手法，双手配合，协调统一。

【课题难点】

虾的雕刻方法，保存及应用。

【课题准备】

一、原料

白萝卜、人造眼睛。

二、刀具

直刻刀、"U"形刀、"V"形刀。

三、制作工艺

（一）将萝卜修成长方体，大致修成虾的形态

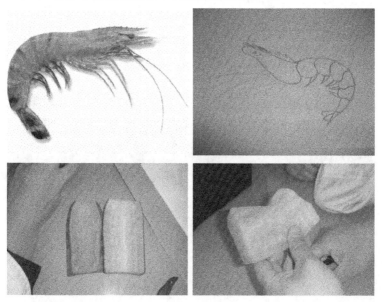

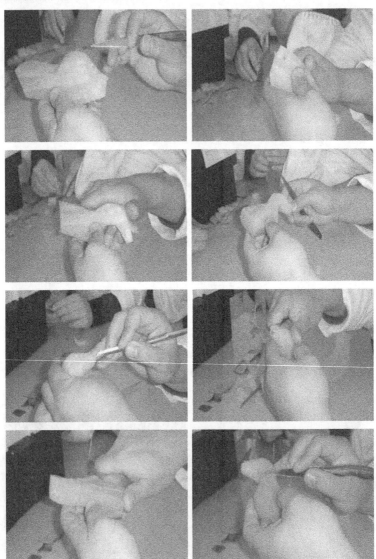

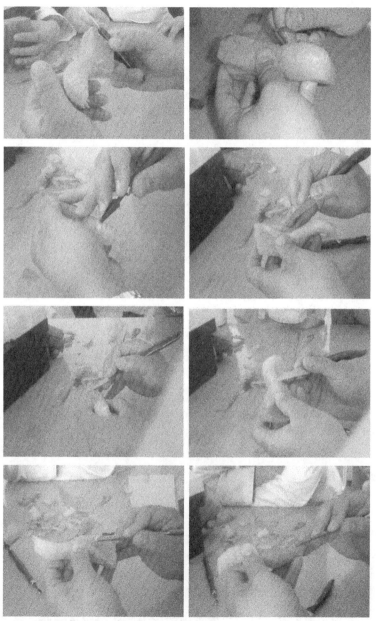

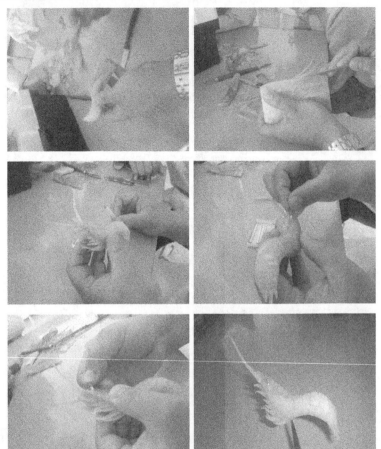

【课题互动】

一、演示虾雕刻

在专业实训室里为学生雕刻虾，按步骤，逐一讲解和演示，使学生在雕刻时正确的修坯，下料的应用。

二、指导学生完成虾雕刻

在学生雕刻时，引导学生正确的运刀手法，纠正错误，提出和

改正不足，使学生充分理解雕刻的过程。

三、课题总结

填写一体化评估表，根据作品进行评价，学生自评，互评和教师评价。

四、布置作业

【课题评估】

能熟练掌握虾的雕刻并且掌握正确的运刀方法，双手协调，动作规范卫生清洁。

食品雕刻学习情境工作页（二十四）

学习任务	食品雕刻之虾
工作任务	完成虾的雕刻
资讯	1. 了解任务目标、作品要求 2. 正确选择原料，规范操作 3. 教师将雕刻任务书发给学生 4. 教师采用 PPT 课件讲解雕刻工艺、要点难点 5. 掌握学生雕刻作品的情况，并提出不足加以改进
决策	1. 教师给学生提供原料、工具并提示安全使用要求 2. 教师为咨询者，接受学生咨询并及时解决问题 3. 将学生分组进行讨论
计划	以讨论的方式完成雕刻作品，教师审核任务书
实施	1. 教师检查学生仪容仪表 2. 教师对雕刻工艺进行规范操作 3. 教师监控学生作品制作过程并及时纠正错误 4. 教师对作品进行检查，记录在任务书中
检查	完成作品后，学生要对场地进行清洗，教师监控
评价	根据作品进行评价，学生自评，互评和教师评价。学生根据教师意见完成家庭作业

项目五
鸟类

学习任务 5－1　食品雕刻之喜鹊

【课题目标】

使学生熟练掌握喜鹊的雕刻方法。

【课题任务】

让学生熟练掌握喜鹊的下料修坯，修料的刀法运用和修形的刀法运用。

【课题要点】

喜鹊的下料，修形以及运刀手法，双手配合，协调统一。

【课题难点】

喜鹊的雕刻方法，保存及应用。

【课题准备】

一、原料

胡萝卜、人造眼睛。

二、刀具

直刻刀、"U"形刀、"V"形刀。

三、制作工艺

（一）取一根胡萝卜，修出喜鹊的大致形态。

（二）在背部刻出喜鹊的羽毛和尾翎。

（三）再取一根胡萝卜刻出喜鹊的翅膀。

（四）用胶水和牙签把翅膀和喜鹊身体连接在一起。

（五）安上人造眼睛即成。

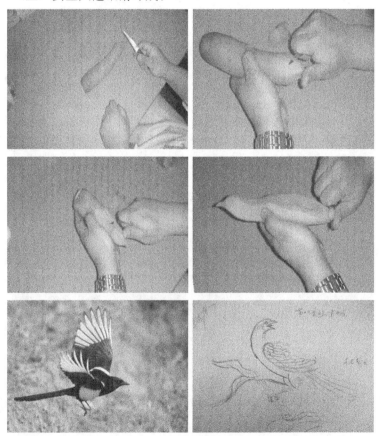

冷拼与食品雕刻

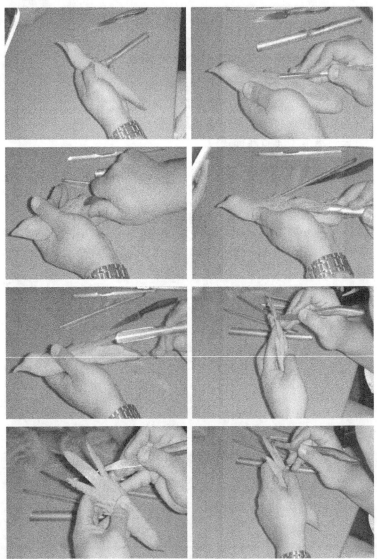

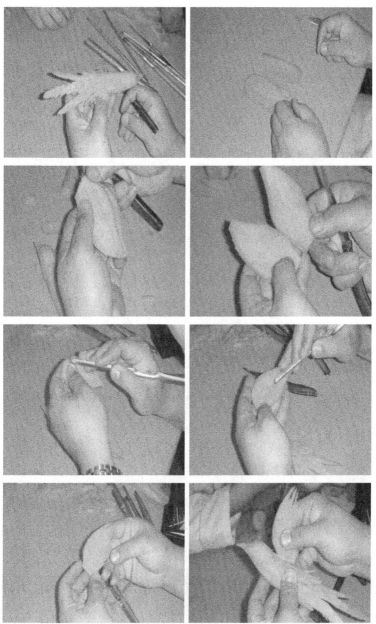

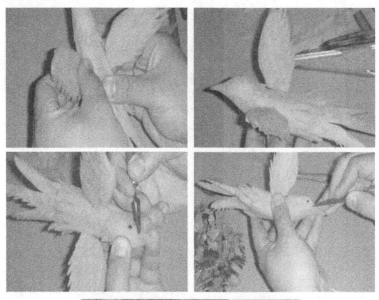

【课题互动】

一、演示喜鹊雕刻

在专业实训室里为学生雕刻鸟，按步骤，逐一讲解和演示，使学生在雕刻时正确地修坯，下料的应用。

二、指导学生完成喜鹊雕刻

在学生雕刻时，引导学生正确地运刀手法，纠正错误，提出和改正不足，使学生充分理解雕刻的过程。

90

三、课题总结

填写一体化评估表，根据作品进行评价，学生自评，互评和教师评价。

四、布置作业

【课题评估】

能熟练掌握喜鹊的雕刻并且掌握正确的运刀方法，双手协调，动作规范卫生清洁。

食品雕刻学习情境工作页（二十二）

学习任务	食品雕刻之喜鹊
工作任务	完成喜鹊的雕刻
资讯	1. 了解任务目标、作品要求 2. 正确选择原料，规范操作 3. 教师将雕刻任务书发给学生 4. 教师采用 PPT 课件讲解雕刻工艺、要点难点 5. 掌握学生雕刻作品的情况，并提出不足加以改进
决策	1. 教师给学生提供原料、工具并提示安全使用要求 2. 教师为咨询者，接受学生咨询并及时解决问题 3. 将学生分组进行讨论
计划	以讨论的方式完成雕刻作品，教师审核任务书
实施	1. 教师检查学生仪容仪表 2. 教师对雕刻工艺进行规范操作 3. 教师监控学生作品制作过程并及时纠正错误 4. 教师对作品进行检查，记录在任务书中
检查	完成作品后，学生要对场地进行清洗，教师监控
评价	根据作品进行评价，学生自评，互评和教师评价。学生根据教师意见完成家庭作业

学习任务 5－2　食品雕刻之孔雀

【课题目标】

使学生熟练掌握孔雀的雕刻方法。

【课题任务】

让学生熟练掌握孔雀的下料修坯，修料的刀法运用和修形的刀法运用。

【课题要点】

孔雀的下料，修形以及运刀手法，双手配合，协调统一。

【课题难点】

孔雀的雕刻方法，保存及应用。

【课题准备】

一、原料

白萝卜、或萝卜、人造眼睛。

二、刀具

直刻刀、"U"形刀、"V"形刀。

三、制作工艺

（一）将白萝卜修成孔雀的大致形态，然后刻出孔雀的翅膀和。

（二）将白萝卜修成长方体，刻出孔雀的尾翎。

（三）将尾翎和孔雀用胶水粘到一起。

（四）安上人造眼睛即成。

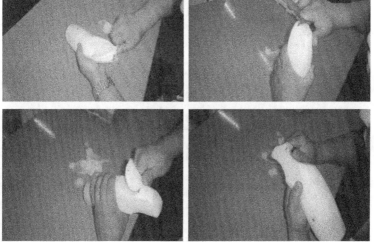

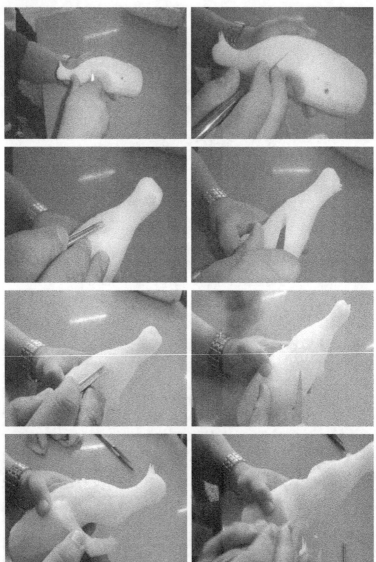

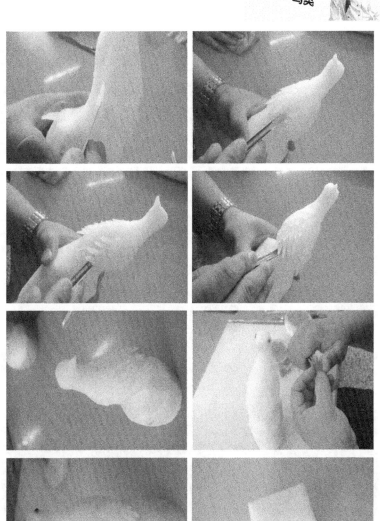

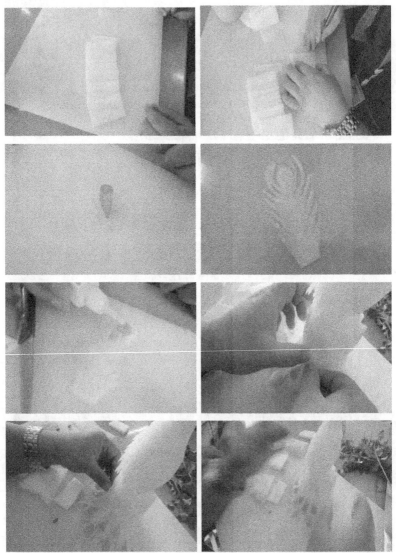

【课题互动】

一、演示孔雀雕刻

在专业实训室里为学生雕刻孔雀，按步骤，逐一讲解和演示，使学生在雕刻时正确地修坯，下料的应用。

二、指导学生完成孔雀雕刻

在学生雕刻时，引导学生正确地运刀，纠正错误，提出和改正不足，使学生充分理解雕刻的过程。

三、课题总结

填写一体化评估表，根据作品进行评价，学生自评，互评和教师评价。

四、布置作业

【课题评估】

能熟练掌握孔雀的雕刻并且掌握正确的运刀方法，双手协调，动作规范卫生清洁。

食品雕刻学习情境工作页（二十三）

学习任务	食品雕刻之孔雀
工作任务	完成孔雀的雕刻
资讯	1. 了解任务目标、作品要求 2. 正确选择原料，规范操作 3. 教师将雕刻任务书发给学生 4. 教师采用 PPT 课件讲解雕刻工艺、要点难点 5. 掌握学生雕刻作品的情况，并提出不足加以改进
决策	1. 教师给学生提供原料、工具并提示安全使用要求 2. 教师为咨询者，接受学生咨询并及时解决问题 3. 将学生分组进行讨论
计划	以讨论的方式完成雕刻作品，教师审核任务书
实施	1. 教师检查学生仪容仪表 2. 教师对雕刻工艺进行规范操作 3. 教师监控学生作品制作过程并及时纠正错误 4. 教师对作品进行检查，记录在任务书中
检查	完成作品后，学生要对场地进行清洗，教师监控
评价	根据作品进行，学生自评，互评和教师评价。评价学生根据教师意见完成家庭作业

学习任务 5—3　食品雕刻之仙鹤

【课题目标】

使学生熟练掌握仙鹤的雕刻方法。

【课题任务】

让学生熟练掌握仙鹤的下料修坯，修料的刀法运用和修形的刀法运用。

【课题要点】

仙鹤的下料，修形以及运刀手法，双手配合，协调统一。

【课题难点】

仙鹤的雕刻方法，保存及应用。

【课题准备】

一、原料

白萝卜、胡萝卜。

二、刀具

直刻刀、"U"形刀、"V"形刀。

三、制作工艺

（一）选取一优质的白萝卜，将萝卜修成长方体。

（二）在长方体萝卜的表面画出仙鹤的大致轮廓。

（三）用雕刻刀按着画好的轮廓雕刻出仙鹤的大形。

（四）在大形上仔细地雕刻仙鹤。

（五）另取一西瓜皮或茄子皮雕刻出仙鹤的尾并用胶水粘接好。

（六）用修长方体时去掉的原料，雕刻成翅膀，并粘接在仙鹤的身体上。

（七）安上人造眼睛，用牙签插在仙鹤底部，安放在雕刻的假山上并配以松枝（也可以用胡萝卜雕刻嘴和头）。

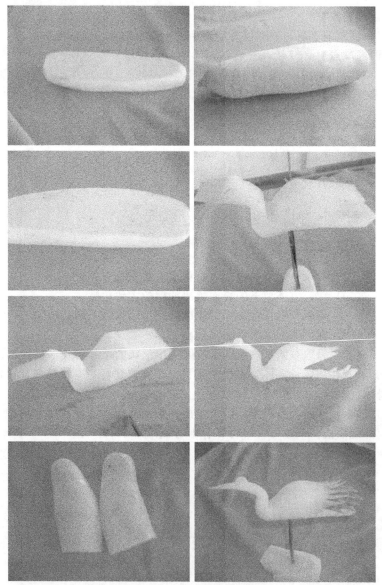

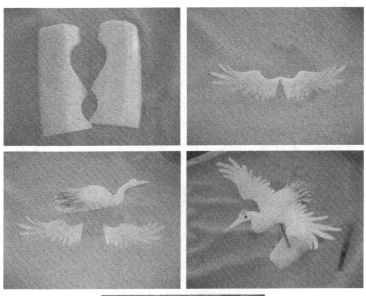

【课题互动】

一、演示仙鹤雕刻

在专业实训室里为学生雕刻仙鹤，按步骤，逐一讲解和演示，使学生在雕刻时正确地修坯，下料的应用。

二、指导学生完成仙鹤雕刻

在学生雕刻时，引导学生正确地运刀手法，纠正错误，提出和改正不足，使学生充分理解雕刻的过程。

三、课题总结

填写一体化评估表，根据作品进行评价，学生自评，互评和教师评价。

四、布置作业

【课题评估】

能熟练掌握仙鹤的雕刻并且掌握正确的运刀方法，双手协调，动作规范卫生清洁。

食品雕刻学习情境工作页（二十一）

学习任务	食品雕刻之仙鹤
工作任务	完成仙鹤的雕刻
资讯	1. 了解任务目标、作品要求 2. 正确选择原料，规范操作 3. 教师将雕刻任务书发给学生 4. 教师采用 PPT 课件讲解雕刻工艺、要点难点 5. 掌握学生雕刻作品的情况，并提出不足加以改进
决策	1. 教师给学生提供原料，工具并提示安全使用要求 2. 教师为咨询者，接受学生咨询并及时解决问题 3. 将学生分组进行讨论
计划	以讨论的方式完成雕刻作品，教师审核任务书
实施	1. 教师检查学生仪容仪表 2. 教师对雕刻工艺进行规范操作 3. 教师监控学生作品制作过程并及时纠正错误 4. 教师对作品进行检查，记录在任务书中
检查	完成作品后，学生要对场地进行清洗，教师监控
评价	根据作品进行评价，学生自评，互评和教师评价。学生根据教师意见完成家庭作业

项目六

龙 类

学习任务 6－1　食品雕刻之龙类

【课题目标】

使学生熟练掌握龙的雕刻方法。

【课题任务】

让学生熟练掌握龙的下料修坯，修料的刀法运用和修形的刀法运用。

【课题要点】

龙的下料，修形以及运刀手法，双手配合，协调统一。

【课题难点】

龙的雕刻方法，保存及应用。

【课题准备】

一、原料

白萝卜、人造眼睛。

二、刀具

直刻刀、"U" 形刀、"V" 形刀。

三、制作工艺

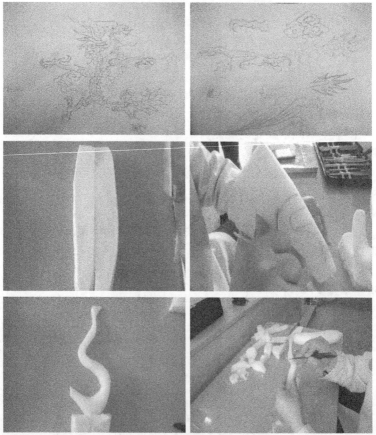

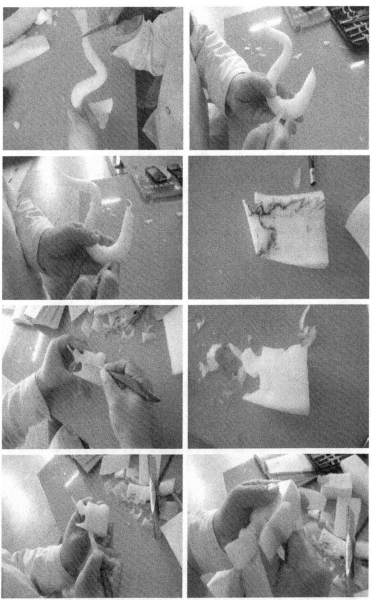

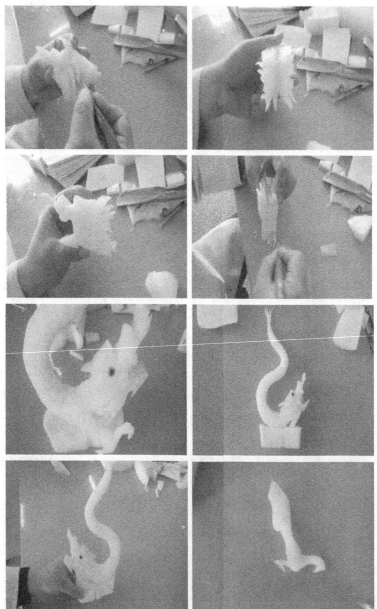

【课题互动】

一、演示龙雕刻

在专业实训室里为学生雕刻龙，按步骤，逐一讲解和演示，使学生在雕刻时正确的修坯，下料的应用。

二、指导学生完成龙雕刻

在学生雕刻时，引导学生正确的运刀手法，纠正错误，提出和改正不足，使学生充分理解雕刻的过程。

三、课题总结

填写一体化评估表，根据作品进行评价，学生自评，互评和教师评价。

四、布置作业

【课题评估】

能熟练掌握龙的雕刻并且掌握正确的运刀方法，双手协调，动作规范卫生清洁。

食品雕刻学习情境工作页（二十五）

学习任务	食品雕刻之龙
工作任务	完成龙的雕刻
资讯	1. 了解任务目标、作品要求 2. 正确选择原料，规范操作 3. 教师将雕刻任务书发给学生 4. 教师采用 PPT 课件讲解雕刻工艺、要点难点 5. 掌握学生雕刻作品的情况，并提出不足加以改进

决策	1. 教师给学生提供原料、工具并提示安全使用要求 2. 教师为咨询者，接受学生咨询并及时解决问题 3. 将学生分组进行讨论
计划	以讨论的方式完成雕刻作品，教师审核任务书
实施	1. 教师检查学生仪容仪表 2. 教师对雕刻工艺进行规范操作 3. 教师监控学生作品制作过程并及时纠正错误 4. 教师对作品进行检查，记录在任务书中
检查	完成作品后，学生要对场地进行清洗，教师监控
评价	根据作品进行评价，学生自评，互评和教师评价。学生根据教师意见完成家庭作业

项目七

拼摆类

学习任务 7-1　什锦彩拼

【课题目标】

使学生熟练掌什锦拼盘手法刀工处理。

【课题任务】

让学生熟练掌握拼盘的用料，原料的初步处理加工。

【课题要点】

拼盘的用料，什锦拼盘的定位，协调统一。

【课题难点】

什锦拼盘的操作过程，原料的初步处理。

【课题准备】

一、原料

瓜姜拌鸡丝、红曲卤鸭脯肉、烧鸡脯肉、炝莴笋、绿蛋糕、盐水鸭脯肉、油鸡脯肉、肴肉、红肠、葱油蜇头、盐水大虾、黄瓜卷。

二、制作步骤

（一）胚部：瓜姜拌鸡丝码成正八弧边形体作围拼初胚。

（二）围拼：红曲卤鸭脯肉和烧鸡脯肉批切为片、炝莴笋和绿蛋糕切成梯形片，每料呈两面对称构成围拼最外一层红绿相间的八个扇形面。盐水鸭脯肉和油鸡脯肉批切为片、肴肉和红肠切成梯形片，接外层往里亦每料按两面对称法构成围拼第二层，黄红相间（此层与外层为黄对红、红对绿）的八个扇形面。

（三）圆面拼（馒形拼）：葱油蜇头接第二层围拼面内侧围排一周成环形圆面，盐水大虾以背朝上以头向里竖排于蜇头面内侧作第二层环形圆面，黄瓜卷斜切为段以截面朝上围叠成馒形面于正中空处。

特点：此造型通过围拼扇形面形状排列的紧密和疏散、起伏和波折、聚合和扩展，通过色彩的对比和调和、厚重和浅淡的相互呼应，给人一种有强有弱、有张有弛、有快有慢的节奏韵律美，一种稳定、对称、安详的美。

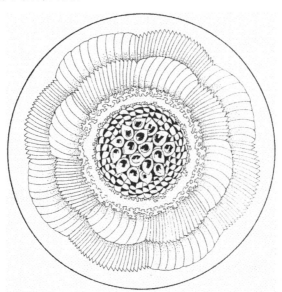

冷拼与食品雕刻

拼摆学习情境工作页 (一)

学习任务	什锦彩拼
工作任务	完成什锦彩拼拼盘
资讯	1. 了解任务目标、作品要求 2. 正确选择原料，规范操作 3. 教师将雕刻任务书发给学生 4. 教师采用 PPT 课件讲解雕刻工艺、要点难点 5. 掌握学生雕刻作品的情况，并提出不足加以改进
决策	1. 教师给学生提供原料、工具并提示安全使用要求 2. 教师为咨询者，接受学生咨询并及时解决问题 3. 将学生分组进行讨论
计划	以讨论的方式完成雕刻作品，教师审核任务书
实施	1. 教师检查学生仪容仪表 2. 教师对雕刻工艺进行规范操作 3. 教师监控学生作品制作过程并及时纠正错误 4. 教师对作品进行检查，记录在任务书中
检查	完成作品后，学生要对场地进行清洗，教师监控
评价	根据作品进行评价，学生自评，互评和教师评价。学生根据教师意见完成家庭作业

学习任务 7－2　孔雀开屏

【课题目标】

使学生熟练掌握孔雀开屏的手法刀工处理。

【课题任务】

让学生熟练掌握拼盘的用料，原料的初步处理加工。

【课题要点】

拼盘的用料，孔雀开屏拼盘的定位，协调统一。

【课题难点】

孔雀开屏的操作过程，原米的初步处理。

【课题准备】

一、原料

姜汁鸡丝、糖醋青椒、红樱桃、绿色鱼糕、火腿、黄色鱼糕、黄瓜、花椒、盐水大虾、酱鸭脯肉。

二、制作步骤

（一）尾屏部：姜汁鸡丝码成孔雀身部、尾屏部的初胚；糖醋青椒刻切成椭圆形片从右往左，自屏端向前相互错致排列成覆瓦状，并在每片青椒片上放小半颗红樱桃。

（二）翅、头和身部：绿色鱼糕、火腿、黄色鱼糕分别切成柳叶形片从上往下、从右往左分三层依次排叠成左上一侧翅部羽毛，选自然弯曲的黄瓜作头部（眼圈为火腿，眼珠为花椒，嘴部为黄色鱼糕，冠羽为红樱桃，颈下端雕两层颈毛），插在姜汁鸡丝内并按实，盐水大虾排叠作胸腹部；盐味黄瓜切成三角形片排作背部羽毛，复在背部上的翅部羽毛同前，仍用绿色鱼糕、火腿、黄色鱼糕从右往左依次排叠而成，黄色鱼糕刻成腿部待树干叠成后安接于腹下。

（三）树木：酱鸭脯肉切成条块叠作树干状，黄瓜块皮面刻阴纹叶茎后，缀饰于树干左右近旁作树叶。

特点：这是一只美丽的绿孔雀。以翠绿之色作大面积铺陈渲染，形成绿色主调，以鲜红之色作小块点缀，构成鲜明对比，使孔雀形态更为动人，富贵而不媚俗，给人以亲近之感。

拼摆学习情境工作页（二）

学习任务	孔雀开屏
工作任务	完成孔雀开屏拼盘
资讯	1. 了解任务目标、作品要求 2. 正确选择原料，规范操作 3. 教师将雕刻任务书发给学生 4. 教师采用 PPT 课件讲解雕刻工艺、要点难点 5. 掌握学生雕刻作品的情况，并提出不足加以改进

决策	1. 教师给学生提供原料、工具并提示安全使用要求
	2. 教师为咨询者，接受学生咨询并及时解决问题
	3. 将学生分组进行讨论
计划	以讨论的方式完成雕刻作品，教师审核任务书
实施	1. 教师检查学生仪容仪表
	2. 教师对雕刻工艺进行规范操作
	3. 教师监控学生作品制作过程并及时纠正错误
	4. 教师对作品进行检查，记录在任务书中
检查	完成作品后，学生要对场地进行清洗，教师监控
评价	根据作品进行评价，学生自评、互评和教师评价。学生根据教师意见完成家庭作业

学习任务 7－3 鹤鸣松寿

【课题目标】

使学生熟练掌握鹤鸣松寿的手法刀工处理。

【课题任务】

让学生熟练掌握拼盘的用料，原料的初步处理加工。

【课题要点】

拼盘的用料，鹤鸣松寿的定位，协调统一。

【课题难点】

鹤鸣松寿的操作过程，原料的初步处理。

【课题准备】

一、原料

鱼松、卤冬菇、白蛋糕、黄瓜卷、炝红椒、炝黄瓜、虾籽卤笋、黄蛋糕、火腿、油鸡脯肉、相思豆、绿色蛋松。

二、制作步骤

（一）胚部：鱼松码成鹤的初胚。

（二）身部和腿部：卤冬菇切片从左往右排叠作尾羽毛，白蛋糕切梯形片、黄瓜卷切椭圆形片、炝红椒切丝接尾部向上分三层依次从左往右排叠作腹部和胸部羽毛。炝黄瓜块表面刻儿道阴纹后切蓑衣形捻开拼放在身部左侧。虾籽卤笋切块作大腿部，黄蛋糕切长条作细长腿。

（三）左翅部：火腿、黄蛋糕、虾籽卤笋、炝黄瓜、白蛋糕、油鸡脯肉切成柳叶形片，分六层依次从下往上、从左往右排叠作翅羽毛。

（四）右翅部：火腿、黄蛋糕、虾籽卤笋、油鸡脯肉、炝黄瓜、

白蛋糕切成柳叶形片，分六层依次从下往上、从右往左排叠作翅毛。

（五）颈头部：油鸡脯肉切成长丝撮码成颈部和头部（注意表面光滑和弯转自然），炝红椒刻作丹顶，黄蛋糕刻作嘴部，卤冬菇丝作眼圈，白蛋糕圆形小片作眼白，相思豆作眼珠。

（六）松和绿茵：火腿切条块排作松枝，炝黄瓜切蓑衣块作松叶，松枝左端放绿色蛋松。绿茵草地亦用绿色蛋松铺饰。

特点：这一盘新颖独特的松鹤造型，夸张地表现了丹顶鹤展翅起舞、引颈欢鸣时的优雅飘逸。色彩处理不囿于以白色造鹤的框框，以多色铺陈，别具神韵。空间分布上，松枝、仙鹤、草地，各自独立，又互相映衬，构图舒展开阔。以此为寿宴之贺尤为佳妙。

拼摆学习情境工作页（三）

学习任务	鹤鸣松寿
工作任务	完成鹤鸣松寿拼盘

资讯	1. 了解任务目标、作品要求
	2. 正确选择原料，规范操作
	3. 教师将雕刻任务书发给学生
	4. 教师采用 PPT 课件讲解雕刻工艺、要点难点
	5. 掌握学生雕刻作品的情况，并提出不足加以改进
决策	1. 教师给学生提供原料、工具并提示安全使用要求
	2. 教师为咨询者，接受学生咨询并及时解决问题
	3. 将学生分组进行讨论
计划	以讨论的方式完成雕刻作品，教师审核任务书
实施	1. 教师检查学生仪容仪表
	2. 教师对雕刻工艺进行规范操作
	3. 教师监控学生作品制作过程并及时纠正错误
	4. 教师对作品进行检查，记录在任务书中
检查	完成作品后，学生要对场地进行清洗，教师监控
评价	根据作品进行评价，学生自评，互评和教师评价。学生根据教师意见完成家庭作业

学习任务 7-4　鸳鸯戏水

【课题目标】

使学生熟练掌握鸳鸯戏水的手法刀工处理。

【课题任务】

让学生熟练掌握拼盘的用料，原料的初步处理加工。

【课题要点】

拼盘的用料，鸳鸯戏水的定位，协调统一。

【课题难点】

鸳鸯戏水的操作过程，原料的初步处理。

【课题准备】

一、原料

拌鸡丝、卤牛肉、卤方干、盐水大虾、黄蛋糕、绿樱桃、炝青椒、紫菜蛋卷、卤口蘑、烤鸭脯肉、红泡椒、煮鸽蛋、卤冬菇、香菜。

二、制作步骤

（一）身胚：拌鸡丝码成两只鸳鸯的初胚。

（二）左上雄鸳鸯：卤牛肉、卤方干切成柳叶形片，从后往前分两层依序排叠作尾羽毛；盐水大虾批半从尾部向前码成身胸部；黄蛋糕切成鸡心形厚片，平排成扇形作后背处上翘的一簇羽毛，并用小半颗绿樱桃点缀；炝青椒、紫菜蛋卷切成椭圆形片，呈覆瓦状排叠作翅羽毛，卤口蘑刻成菊花块排作翅根处羽毛；烤鸭脯肉切成柳叶形片，从左往右顺长排叠作颈部；红泡椒刻作冠羽，黄蛋糕刻作嘴部，煮鸽蛋白和卤冬菇片相叠作眼睛。

（三）右下雌鸳鸯：尾部和身胸部同上。炝青椒刻切成柳叶形片排作近尾部羽毛；黄蛋糕切成椭圆形片排叠作背部羽毛，煮鸽蛋切片排作翅羽毛，卤口蘑刻成菊花块排作翅根处羽毛；卤牛肉切成三角形片顺长排叠作颈部；炝青椒刻作冠羽，煮鸽蛋白和卤冬菇片相叠作眼睛，黄蛋糕刻作嘴部。

（四）荷叶与吊花：炝青椒片修成荷叶放在左下侧空白处；黄蛋糕切椭圆形片摆成花状，红泡椒尖饰作花状，香菜饰作花叶。

特点：静谧的荷塘里，荷叶随波起伏，鲜花垂空而挂，鸳鸯比肩同行，一股和合优美的气息扑面而来。婚喜筵席用此造型，平添无限情趣。

拼摆学习情境工作页（四）

学习任务	鸳鸯戏水
工作任务	完成鸳鸯戏水拼盘
资讯	1. 了解任务目标、作品要求 2. 正确选择原料，规范操作 3. 教师将雕刻任务书发给学生 4. 教师采用PPT课件讲解雕刻工艺、要点难点 5. 掌握学生雕刻作品的情况，并提出不足加以改进
决策	1. 教师给学生提供原料、工具并提示安全使用要求 2. 教师为咨询者，接受学生咨询并及时解决问题 3. 将学生分组进行讨论
计划	以讨论的方式完成雕刻作品，教师审核任务书

续表

实施	1. 教师检查学生仪容仪表 2. 教师对雕刻工艺进行规范操作 3. 教师监控学生作品制作过程并及时纠正错误 4. 教师对作品进行检查，记录在任务书中
检查	完成作品后，学生要对场地进行清洗，教师监控
评价	根据作品进行评价，学生自评，互评和教师评价。学生根据教师意见完成家庭作业

学习任务 7－5　双喜盈门

【课题目标】

使学生熟练掌握双喜盈门的手法刀工处理。

【课题任务】

让学生熟练掌握拼盘的用料，原料的初步处理加工。

【课题要点】

拼盘的用料，双喜盈门的定位，协调统一。

【课题难点】

双喜盈门的操作过程，原料的初步处理。

【课题准备】

一、原料

拌鸡丝、火腿、鸡汁冬笋、油焖香菇、烤鸭脯肉、黄色虾糕、炝青椒、白色虾糕、山楂糕、红樱桃、香菜叶。

二、制作步骤

（一）胚部：拌鸡丝码成两只相向而飞的喜鹊初胚。

（二）右边喜鹊：①尾部：火腿切成三角形长片排作尾羽毛。②背腿部：鸡汁冬笋切成三角形片，从尾根部向前错致排叠两层作背羽毛；油焖香菇刻作爪部；烤鸭脯肉批切成片排作腿羽毛。③翅部（上面一只）：黄色虾糕切成柳叶形片，从F往上排叠作翅部大羽毛；烤鸭脯肉、油焖香菇切成三角形片互叠，从左往右排作大羽下一层翅羽毛，炝青椒刻成鸡心形从左往右排叠作翅根一层翅羽毛，白色虾糕切成柳叶形片，从左往右排叠于青椒片之后作翅羽毛。④翅部（下面一只）：黄色虾糕、烤鸭脯肉、油焖香菇、白色虾糕切成柳叶形片（或三角形片），从下往上分四层依序排列作翅羽毛。⑤胸部：火腿切成椭圆形片，从后往前呈覆瓦状排叠作胸羽毛，羽上缀两根青椒细丝。⑥头部：油焖香菇刻作头部，黄色虾糕刻作嘴部，白色虾糕片托油焖香菇片作眼睛。

（三）左边喜鹊与右边喜鹊呈对称造型。

（四）双喜、梅花等：山楂糕刻切成"囍"放在两只喜鹊的正下方。黄色虾糕刻成一朵五瓣大梅花（火腿丝缀花蕊）放在"囍"字下；油焖香菇切条作梅花枝干，红樱桃切半作红色小梅花。香菜叶放在喜鹊身后两侧。

特点：此造型采用对称构图法，两只喜鹊作飞报喜讯之状：鹊尾高耸，双翅上下舒展，身姿弯转如弓，张口相对，若面向"囍"放声鸣唱，报告喜讯。也好像一对有情有义的喜鹊在"谈情说爱"。整个画面充满着喜气，洋溢着欢乐。

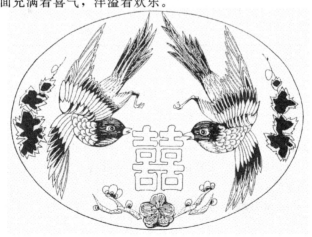

拼摆学习情境工作页（五）

学习任务	双喜盈门
工作任务	完成双喜盈门拼盘
资讯	1. 了解任务目标、作品要求 2. 正确选择原料，规范操作 3. 教师将雕刻任务书发给学生 4. 教师采用 PPT 课件讲解雕刻工艺、要点难点 5. 掌握学生雕刻作品的情况，并提出不足加以改进
决策	1. 教师给学生提供原料、工具并提示安全使用要求 2. 教师为咨询者，接受学生咨询并及时解决问题 3. 将学生分组进行讨论
计划	以讨论的方式完成雕刻作品，教师审核任务书
实施	1. 教师检查学生仪容仪表 2. 教师对雕刻工艺进行规范操作 3. 教师监控学生作品制作过程并及时纠正错误 4. 教师对作品进行检查，记录在任务书中
检查	完成作品后，学生要对场地进行清洗，教师监控
评价	根据作品进行评价，学生自评，互评和教师评价。学生根据教师意见完成家庭作业

学习任务 7-6　吉庆有鱼

【课题目标】

　　使学生熟练掌握吉庆有鱼的手法刀工处理。

【课题任务】

　　让学生熟练掌握拼盘的用料，原料的初步处理加工。

【课题要点】

　　拼盘的用料，吉庆有鱼的定位，协调统一。

【课题难点】

　　吉庆有鱼的操作过程，原料的初步处理。

【课题准备】

一、原料

　　拌豆苗、炝虾仁、盐水虾、黄色虾糕、红曲卤牛肉、白卤鹌鹑蛋、松花蛋、泡红椒、炝青椒、香菜叶。

二、制作步骤

　　（一）胚部：拌豆苗码成鲤鱼头部和身部初胚。

　　（二）身部：炝虾仁从近尾处向上呈覆瓦状排叠作腹部鳞片；盐水虾亦从近尾处向上呈覆瓦状排叠作身侧部鳞片。

　　（三）头部：黄色虾糕切成三角形片作下颌，黄色虾糕雕刻成嘴部；红曲卤牛肉修成半椭圆形大片，再改成小片排作头部；白卤鹌鹑蛋切取半只叠松花蛋清圆形片作眼睛；泡红椒丝作须。

　　（四）尾部：红曲卤牛肉、黄色虾糕切成柳叶形片，从尾末端往前分四层间色排作尾鳍。

　　（五）鳍部：红曲卤牛肉切成长方形片排作脊鳍，黄色虾糕切成长椭圆形片叠作胸鳍。

　　（六）水花和水草：炝青椒刻切成圆形小片和水纹形片，饰作鱼尾上端的水花，香菜叶沿盘子下端排作水草。

　　特点："吉庆有余"是借"鱼"之谐音为"余"，表达了人们企盼富足丰盛而又有余的一种社会心态。在此造型中，红艳艳的大鲤鱼，鱼体弯曲如弓，形如纺锤，鱼头硕大饱满，鱼须灵动可爱，鱼尾神采飞扬，水花飞溅，水草弧形连排，映衬的鲤鱼更为生动活泼。此造型略改构图，还可以表达"鲤鱼跃龙门"的主题。

拼摆学习情境工作页（六）

学习任务	吉庆有鱼
工作任务	完成吉庆有鱼拼盘
资讯	1. 了解任务目标、作品要求 2. 正确选择原料，规范操作 3. 教师将雕刻任务书发给学生 4. 教师采用 PPT 课件讲解雕刻工艺、要点难点 5. 掌握学生雕刻作品的情况，并提出不足加以改进
决策	1. 教师给学生提供原料、工具并提示安全使用要求 2. 教师为咨询者，接受学生咨询并及时解决问题 3. 将学生分组进行讨论
计划	以讨论的方式完成雕刻作品，教师审核任务书

实施	1. 教师检查学生仪容仪表 2. 教师对雕刻工艺进行规范操作 3. 教师监控学生作品制作过程并及时纠正错误 4. 教师对作品进行检查，记录在任务书中
检查	完成作品后，学生要对场地进行清洗，教师监控
评价	根据作品进行评价，学生自评，互评和教师评价。学生根据教师意见完成家庭作业

学习任务 7－7　花蝶拼盘

【课题目标】

使学生熟练掌握花蝶拼盘的手法刀工处理。

【课题任务】

让学生熟练掌握拼盘的用料，原料的初步处理加工。

【课题要点】

拼盘的用料，花蝶拼盘的定位，协调统一。

【课题难点】

花蝶拼盘的操作过程，原料的初步处理。

【课题准备】

一、原料

鸽松、盐水大虾、酸黄瓜、虾茸蛋卷、紫菜蛋卷、黄蛋糕、肴肉、白蛋糕、油焖香菇、卤蘑菇。

二、制作步骤

（一）初胚：鸽松码成蝴蝶翅部初胚。

（二）翅部：盐水大虾和酸黄瓜蓑衣块从上往下分两层排叠作大小翅翅纹；虾茸蛋卷切成椭圆形片从上往下排叠作大翅翅纹；紫菜蛋卷、黄蛋糕、肴肉、白蛋糕切成椭圆形片续前从上往下分四层依次排叠作大、小翅翅纹。

（三）翅尾：酸黄瓜、白蛋糕切成鸡心形片相叠，并托圆形肴肉片作翅尾。

（四）蝶身等：肴肉修切成锥形条作蝶身，油焖香菇刻作蝶足，卤蘑菇上叠白蛋糕和油焖香菇圆形片作眼睛，酸黄瓜切丝作蝶须。

（五）花草：肴肉切成柳叶形片，紫菜蛋卷、肴肉、白蛋糕、酸黄瓜切成椭圆形片，卤蘑菇切成蓑衣块，肴肉切茸，将以上成形原料自下而上围叠作花；酸黄瓜切成蓑衣片作花叶。酸黄瓜切成三角形长片在花的左右两边拼作兰花。

特点：花与蝶形态饱满，色彩层次清晰，互为辉映，富丽堂皇。

拼摆学习情境工作页（七）

学习任务	花蝶拼盘
工作任务	完成花蝶拼盘
资讯	1. 了解任务目标、作品要求 2. 正确选择原料，规范操作 3. 教师将雕刻任务书发给学生 4. 教师采用PPT课件讲解雕刻工艺、要点难点 5. 掌握学生雕刻作品的情况，并提出不足加以改进

决策	1. 教师给学生提供原料、工具并提示安全使用要求 2. 教师为咨询者，接受学生咨询并及时解决问题 3. 将学生分组进行讨论
计划	以讨论的方式完成雕刻作品，教师审核任务书
实施	1. 教师检查学生仪容仪表 2. 教师对雕刻工艺进行规范操作 3. 教师监控学生作品制作过程并及时纠正错误 4. 教师对作品进行检查，记录在任务书中
检查	完成作品后，学生要对场地进行清洗，教师监控
评价	根据作品进行评价，学生自评，互评和教师评价。学生根据教师意见完成家庭作业

学习任务 7-8　荷叶

【课题目标】

使学生熟练掌握荷叶拼盘的手法刀工处理。

【课题任务】

让学生熟练掌握荷叶拼盘的用料，原料的初步处理加工。

【课题要点】

荷叶拼盘的用料，拼盘的定位，协调统一。

【课题难点】

荷叶拼盘的操作过程，原料的初步处理。

一、原料

拌鸡丝、酸辣黄瓜、烤鸭脯肉、醉鸡脯肉、酱肉、火腿、黄蛋糕、白蛋糕、红曲卤鸭脯肉、白卤鸡蛋、缔塑青蛙（青椒、虾缔、凤尾虾、黑芝麻）。

二、制作步骤

（一）胚部：拌鸡丝码成荷叶初胚（胚形为叶心低凹，然后向外弧形起落）。

（二）叶边：酸辣黄瓜切成椭圆形大片围排作叶边（注意疏密、单双层和自然起伏）。

（三）叶面：烤鸭脯肉切成长片从右往左排叠作叶面左半下侧；醉鸡脯肉切成长片从左往右排叠作叶面右半下侧；酱肉和火腿切成长片接醉鸡脯肉往上续排作叶面右半端处和右上部；黄蛋糕和醉鸡脯肉切成长片从右往左分两个色面排叠作叶面上半中部；白蛋糕、火腿切成柳形叶片互叠自叶边向叶心错致排列作叶面左端部；红曲卤鸭脯肉切成长片从左往右围排作叶面左上部与醉鸡脯肉相接。酸辣黄瓜切成月牙形片从右往左排复于烤鸭脯肉面层的内侧，白卤鸡蛋一剖为三取蛋白块从酱肉和醉鸡脯肉面层中部向叶心错致排叠。

（四）青蛙：缔塑青蛙（青椒作蛙背，虾缔填酿，凤尾虾作蛙腿，黑芝麻作眼睛上笼蒸熟）放在叶面右上角火腿面层的近边处。

（五）叶柄：酸辣黄瓜段切块拼排作下部之叶柄。

特点：此造型以单片荷叶为题材，运用夸张手法，使形态、色彩不拘泥于自然，而依多样统一的法则加之变化，塑造了一片硕大而又神采奕奕充满自然之趣的荷叶形象，给人以饱满、雍容之美感。

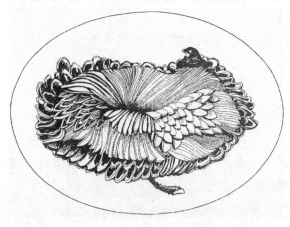

拼摆学习情境工作页（八）

学习任务	荷叶
工作任务	完成荷叶拼摆
资讯	1. 了解任务目标、作品要求 2. 正确选择原料，规范操作 3. 教师将雕刻任务书发给学生 4. 教师采用 PPT 课件讲解雕刻工艺、要点难点 5. 掌握学生雕刻作品的情况，并提出不足加以改进
决策	1. 教师给学生提供原料、工具并提示安全使用要求 2. 教师为咨询者，接受学生咨询并及时解决问题 3. 将学生分组进行讨论
计划	以讨论的方式完成雕刻作品，教师审核任务书
实施	1. 教师检查学生仪容仪表 2. 教师对雕刻工艺进行规范操作 3. 教师监控学生作品制作过程并及时纠正错误 4. 教师对作品进行检查，记录在任务书中
检查	完成作品后，学生要对场地进行清洗，教师监控
评价	根据作品进行评价，学生自评，互评和教师评价。学生根据教师意见完成家庭作业

学习任务 7-9　金秋吉庆

【课题目标】

使学生熟练掌握金秋吉庆拼盘的手法刀工处理。

【课题任务】

让学生熟练掌握金秋吉庆拼盘的用料，原料的初步处理加工。

【课题要点】

金秋吉庆拼盘的用料，金秋吉庆拼盘的定位，协调统一。

【课题难点】

金秋吉庆拼盘的操作过程，原料的初步处理。

一、原料

姜汁鸡丝、盐味黄瓜、烤鸭脯肉、白汁冬笋、火腿、白蛋糕、五香猪舌、鸡汁茭白、叉烧肉、油鸡脯肉、香肠、黄蛋糕、黄瓜卷、红樱桃、绿樱桃。

二、制作步骤

（一）胚部：姜汁鸡丝码成葡萄叶初胚。

（二）叶面：盐味黄瓜切片自五片支叶叶尖向两边分排至分叉处作边面。每一支叶均为两种原料切成斜长方形片分两个对拼色面依次错叠而成，其从左到右的顺序为，第一支叶由烤鸭脯肉与白汁冬笋、第二支叶由火腿与白蛋糕、第三支叶由五香猪舌与鸡汁茭白、第四支叶由拆烧肉与油鸡脯肉、第五支叶由香肠与黄蛋糕构成。黄瓜卷切段围叠于叶心处。最后用盐味黄瓜条作叶柄，切丝作叶左侧之须。

（三）葡萄：红樱桃和绿樱桃在叶的下方堆叠成红绿相杂的一串葡萄。

特点：金秋之季是收获的季节，此造型即以此为主题。葡萄叶纯朴自然，筋脉清晰，色彩深淡相间，富有节奏；叶心之花，绿皮红心，互相映衬，分外醒目；红绿葡萄，晶莹剔透，灿灿生辉。此造型集花、果、叶为一体，素材虽简单，而金秋之季果实累累的喜庆气氛已跃然而出。

拼摆学习情境工作页（九）

学习任务	金秋吉庆
工作任务	完成金秋吉庆拼盘
资讯	1. 了解任务目标、作品要求 2. 正确选择原料，规范操作 3. 教师将雕刻任务书发给学生 4. 教师采用 PPT 课件讲解雕刻工艺、要点难点 5. 掌握学生雕刻作品的情况，并提出不足加以改进
决策	1. 教师给学生提供原料、工具并提示安全使用要求 2. 教师为咨询者，接受学生咨询并及时解决问题 3. 将学生分组进行讨论
计划	以讨论的方式完成雕刻作品，教师审核任务书
实施	1. 教师检查学生仪容仪表 2. 教师对雕刻工艺进行规范操作 3. 教师监控学生作品制作过程并及时纠正错误 4. 教师对作品进行检查，记录在任务书中
检查	完成作品后，学生要对场地进行清洗，教师监控
评价	根据作品进行评价，学生自评，互评和教师评价。学生根据教师意见完成家庭作业

学习任务 7—10　梅竹报春

【课题目标】

　　使学生熟练掌握梅竹报春拼盘的手法刀工处理。

【课题任务】

　　让学生熟练掌握金秋吉庆拼盘的用料，原料的初步处理加工。

【课题要点】

　　梅竹报春拼盘的用料，拼盘的定位，协调统一。

冷拼与食品雕刻

【课题难点】

梅竹报春拼盘的操作过程，原料的初步处理。

一、原料

酱猪舌、盐水鸭脯肉、捆蹄、泡黄瓜、笋卷、泡红椒、卤鸽蛋、葱油蚬头、糖醋红胡萝卜、鸡汁冬笋、白萝卜、蛋松、糖水白果、卤肫仁、酿青椒、香菜叶。

二、制作步骤

（一）山石：酱猪舌、盐水鸭脯肉、捆蹄切条块和大片分段堆码成"L"形山石（酱猪舌、盐水鸭脯肉为竖向堆码，捆蹄为横向堆码）。

（二）竹：泡黄瓜切小段作竹竿，切条和片作竹枝和竹叶拼于盘子左上角。

（三）竹下方诸花：第一排用笋卷切段堆叠成花拼于竹竿下，泡红椒剪成花、卤鸽蛋切半堆叠成花（花蕊为泡红椒片）于笋卷之花右旁，葱油蚬头堆叠成花于山石的顶端。第二排川糖醋红胡萝卜切成佛手块叠成花（花蕊为泡黄瓜球）拼于左，鸡汁冬笋削成玉兰花朵拼于右。第三排即山石拐角外侧用白萝卜雕成花，花蕊用蛋松缀饰。

（四）梅花：酱猪舌切条作梅枝，糖水白果刻作梅花拼于山石右端处。

（五）梅花两侧的花：卤肫仁切片堆叠成花于山石拐角内侧，花蕊用泡红椒缀饰；酿青椒（青椒尖内酿虾茸，表层贴鸡心形火腿片，焗油至熟）于梅花左旁和山石右端之间堆叠成花。

（六）花叶：香菜叶、蓑衣形泡黄瓜片和糖醋红胡萝卜片、泡黄瓜、佛手片分饰于诸花周围。

梅竹报春

132

特点：此造型以梅竹点报春主题，以百花争艳、姹紫嫣红表现春意盎然。用于时景筵席尤佳

拼摆学习情境工作页（十）

学习任务	梅竹报春
工作任务	完成梅竹报春拼盘
资讯	1. 了解任务目标、作品要求 2. 正确选择原料，规范操作 3. 教师将雕刻任务书发给学生 4. 教师采用PPT课件讲解雕刻工艺、要点难点 5. 掌握学生雕刻作品的情况，并提出不足加以改进
决策	1. 教师给学生提供原料、工具并提示安全使用要求 2. 教师为咨询者，接受学生咨询并及时解决问题 3. 将学生分组进行讨论
计划	以讨论的方式完成雕刻作品，教师审核任务书
实施	1. 教师检查学生仪容仪表 2. 教师对雕刻工艺进行规范操作 3. 教师监控学生作品制作过程并及时纠正错误 4. 教师对作品进行检查，记录在任务书中
检查	完成作品后，学生要对场地进行清洗，教师监控
评价	根据作品进行评价，学生自评，互评和教师评价。学生根据教师意见完成家庭作业

学习任务 7-11 扇拼

【课题目标】

使学生熟练掌握扇拼盘的手法刀工处理。

【课题任务】

让学生熟练掌握扇拼盘的用料，原料的初步处理加工。

【课题要点】

扇拼盘的用料，拼盘的定位，协调统一。

【课题难点】

扇拼盘的操作过程，原料的初步处理。

一、原料

银芽鸡丝、火腿、烤鸡脯肉、炝黄瓜、糖醋红椒、绿樱桃、蛋皮、冰糖银耳。

二、制作步骤

（一）胚部：银芽鸡丝码成折扇的初胚。

（二）扇面：火腿、烤鸡脯肉切成长方形片，从上往下分两层依次从左往右排叠作扇面；炝黄瓜切成长方形片，从右往左排叠作扇骨；

卤香菇刻成三角形片作扇把。

（三）扇坠：糖醋红椒切成丝作扇坠红缨，绿樱桃饰作缨球，蛋皮切丝饰作扇坠系绳。

（四）扇口：冰糖银耳于扇面上端饰作扇口。

特点：造型富丽中含大方，庄重中含灵动，扇面朴茂，扇坠飘飞，寓动于静，颇具风雅之致。

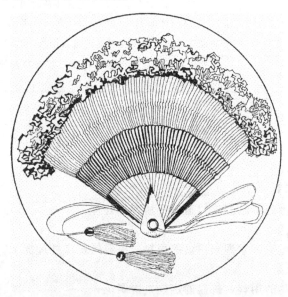

拼摆学习情境工作页（十一）

学习任务	扇拼
工作任务	完成扇拼拼盘
资讯	1. 了解任务目标、作品要求 2. 正确选择原料，规范操作 3. 教师将雕刻任务书发给学生 4. 教师采用 PPT 课件讲解雕刻工艺、要点难点 5. 掌握学生雕刻作品的情况，并提出不足加以改进
决策	1. 教师给学生提供原料、工具并提示安全使用要求 2. 教师为咨询者，接受学生咨询并及时解决问题 3. 将学生分组进行讨论
计划	以讨论的方式完成雕刻作品，教师审核任务书
实施	1. 教师检查学生仪容仪表 2. 教师对雕刻工艺进行规范操作 3. 教师监控学生作品制作过程并及时纠正错误 4. 教师对作品进行检查，记录在任务书中
检查	完成作品后，学生要对场地进行清洗，教师监控
评价	根据作品进行评价，学生自评，互评和教师评价。学生根据教师意见完成家庭作业

学习任务 7-12　锦绣花篮

【课题目标】
使学生熟练掌握锦绣花篮拼盘的手法刀工处理。

【课题任务】
让学生熟练掌握锦绣花篮拼盘的用料，原料的初步处理加工。

【课题要点】
锦绣花篮盘的用料，锦绣花篮拼盘的定位，协调统一。

【课题难点】
锦绣花篮拼盘的操作过程，原料的初步处理。

一、原料

姜汁肉丝、香肠、炝青椒、卤香菇、黄色鱼糕、鸡汁玉米笋、油爆大虾、虾籽卤蘑、葱油蚕头、鸡汁芦笋、红樱桃、缔塑火腿花、白卤鸽蛋、香菜叶。

二、制作步骤

（一）胚部：姜汁肉丝码成花篮篮身初胚。

（二）篮底：香肠、炝青椒切成长椭圆形片互叠从中间往两侧排成扇形篮底，卤香菇切长方形条镶叠篮底上端。

（三）篮身：黄色鱼糕切成波浪纹边长方形片排叠作篮身最下一层身面，香肠、鸡汁玉米笋切成长方形片排叠分别作篮身中间和最上一层身面。

（四）篮口：油爆大虾去头尾以虾背朝上竖排作篮口，姜汁肉丝铺垫于篮口上侧。

（五）篮把：虾籽卤蘑切成蓑衣块由篮口往上排叠成拱形篮把。

（六）鲜花：①篮门面诸花：葱油蚕头叠牡丹花于篮口左右两端，香肠切成菱形块叠菊花于右，鸡汁芦笋切椭圆形段叠大丽花于篮口面正中（红樱桃作花蕊）。②蓝把内诸花：香肠切条拼成左篮把底部菊花，黄色鱼糕切成佛手块叠作右篮把底部佛手花，缔塑火腿花放于佛手花上方饰作月季花，白卤鸽蛋切半拼叠作月季花，放于缔塑火腿花左侧。③花叶：香菜叶缀于诸花近旁作花叶。

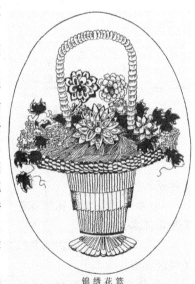

锦绣花篮

特点：此造型端庄高贵，色彩绚丽；花篮各部收放有致，自然贴切；鲜花参差怒放，美如锦绣。用于庄重高贵的筵席尤为适合。

拼摆学习情境工作页（十二）

学习任务	锦绣花篮
工作任务	完成锦绣花篮拼盘
资讯	1. 了解任务目标、作品要求 2. 正确选择原料，规范操作 3. 教师将雕刻任务书发给学生 4. 教师采用 PPT 课件讲解雕刻工艺、要点难点 5. 掌握学生雕刻作品的情况，并提出不足加以改进
决策	1. 教师给学生提供原料、工具并提示安全使用要求 2. 教师为咨询者，接受学生咨询并及时解决问题 3. 将学生分组进行讨论
计划	以讨论的方式完成雕刻作品，教师审核任务书
实施	1. 教师检查学生仪容仪表 2. 教师对雕刻工艺进行规范操作 3. 教师监控学生作品制作过程并及时纠正错误 4. 教师对作品进行检查，记录在任务书中
检查	完成作品后，学生要对场地进行清洗，教师监控
评价	根据作品进行评价，学生自评，互评和教师评价。学生根据教师意见完成家庭作业